博碩文化

DrMaster

知識文化

科技風華

深度學習資訊新領域

DrMaster

深度學習資訊新領域

http://www.drmaster.com.tw

博碩文化

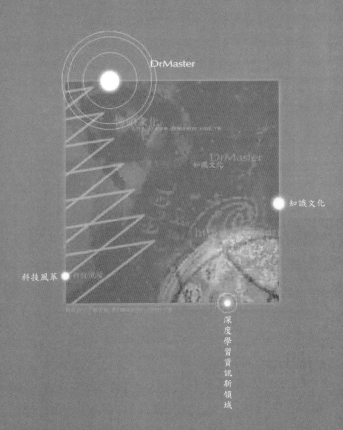

DrMaster

知識文化

科技風革

深度學習資訊新領域

DrMaster

深度學習資訊新領域

中文自然語言
處理實戰

王昊奮、邵浩等　編著
廖信彥　審校

聊天機器人 與 深度學習整合應用

市面唯一完美結合中文自然語言處理
與聊天機器人應用的專業書籍

博碩文化

作　　者：王昊奮、邵浩 等

審　　校：廖信彥

責任編輯：蔡瓊慧

董 事 長：蔡金崑

總 編 輯：陳錦輝

出　　版：博碩文化股份有限公司

地　　址：221新北市汐止區新台五路一段112號10樓A棟
　　　　　電話(02) 2696-2869 傳真(02) 2696-2867

發　　行：博碩文化股份有限公司

郵撥帳號：17484299　戶名：博碩文化股份有限公司

博碩網站：http://www.drmaster.com.tw

讀者服務信箱：dr26962869@gmail.com

訂購服務專線：(02) 2696-2869 分機 238、519

(週一至週五 09:30~12:00；13:30~17:00)

版　　次：2019 年 07 初版一刷

建議零售價：新台幣 450 元

I S B N：978-986-434-405-5

律師顧問：鳴權法律事務所 陳曉鳴律師

本書如有破損或裝訂錯誤，請寄回本公司更換

國家圖書館出版品預行編目(CIP)資料

中文自然語言處理實戰：聊天機器人與深度學習整合
應用 / 王昊奮等編著. -- 初版. -- 新北市：博碩文化，
2019.07

　面；　公分

ISBN 978-986-434-405-5 (平裝)

1.自然語言處理　2.人工智慧　3.機器人

312.835　　　　　　　　　　　　　　　　108009716

Printed in Taiwan

博 碩 粉 絲 團

歡迎團體訂購，另有優惠，請洽服務專線
(02) 2696-2869 分機 238、519

商標聲明

有限擔保責任聲明

著作權聲明

推薦序

聊天機器人是社會關係網路、自動客服、語音助手、智慧音箱、遊戲等重要的支撐技術,它綜合應用自然語言處理技術。自然語言處理是實現語言智慧非常關鍵的技術,它分析、理解和產生自然語言,達到人與機器的自然交流。同時,機器翻譯、自動文摘、自動寫作、郵件或者簡訊的自動回覆等,也有助於人與人之間的交流。如果可以突破語言智慧,那麼跟它同屬認知智慧的知識圖譜與常識推理等技術,也會得到長足的發展,並推動整個人工智慧體系的進步,應用到更多的場景。自然語言處理可說是人工智慧「皇冠上的明珠」。要落實這項技術,達到和人一樣自然的互動,乃是一項非常具有挑戰性的課題。許多積極投身於自然語言處理研究和開發的同仁,迫切需要掌握自然語言處理的基礎技術,以瞭解技術前端。

個人很高興看到本書的出版。它系統性地介紹聊天機器人的技術體系,以及自然語言處理在聊天機器人的應用,輔以案例,妥善地結合理論和實作。本書深入淺出的風格,對不同層級的讀者都有幫助。

本書由王昊奮博士和邵浩博士主導,他們兩位都是從學術界跨越到工業界的年輕人,致力於將技術應用到產品實踐中。我和王昊奮在中國電腦學會術語工作委員會和自然語言專委會等組織,有緊密的合作。個人認為,他不僅在學術上積極進取,還特別希望應用各種新技術到產品中。他將理論與實踐相結合,多年來累積豐富的研發經驗,由此走出一條獨到的

創新之路。本書由多位相關企業的資深技術研發人員參與撰寫，相信本書一定會激發大家對聊天機器人的興趣，以及更深入的思考。

本書的內容，除了闡述聊天機器人的歷史發展和技術體系外，還重點介紹聊天機器人 3 種典型的表現形式：閒聊、對話和問答。以閒聊型聊天機器人為例，雖然基於檢索的方法是目前主流的產品實作方式，但隨著自然語言處理端到端技術的發展，生成式對話越來越受到重視，有很多研究者嘗試以生成方法解決個性化、多輪對話和安全回覆等問題。同時，本書解說了知識圖譜的重要作用，因為基於知識圖譜的問答，也是問答型聊天機器人的重要組成部分。本書盡可能完整地展現聊天機器人相關技術的最新發展，有興趣的讀者可透過此書全面瞭解聊天機器人。

聊天機器人已經在智慧客服、知識問答等場景發揮較好的作用，未來會在大數據、深度學習和重要場景的推動下，進一步提升智慧水準。可想而知，在未來的某個時刻，將出現一個基於人工智慧技術的虛擬生命，它能夠真正理解人類的語言、有自己的記憶和情感，並且可以和人類進行自然真實的對話。儘管目前離這個目標尚遠，但是不妨逐步靠近。這裡孕育著無窮的研究、開發機會和樂趣。我期待本書能激勵更多優秀的年輕人投身其中，以達到更多、更好的成就！

周明

微軟亞洲研究院副院長、國際計算機語言學會主席

作者簡介

王昊奮

上海樂言信息科技有限公司 CTO，中文知識圖譜 zhishi.me 創始人、OpenKG 發起人之一、CCF 理事、CCF 術語審定工委主任、CCF TF 執委、中文資訊學會語言與知識計算委員會副秘書長，共發表 80 餘篇高水準論文，在知識圖譜、問答系統和聊天機器人等諸多領域擁有豐富的研發經驗。他帶隊建構的語意搜尋系統，在 Billion Triple Challenge 中榮獲全球第 2 名；在著名的本體比對競賽 OAEI 的實例比對任務中，榮獲全球第 1 名。曾主持並參與多項國家自然科學基金、「863」重大專項和國家科技支撐專案，以學術負責人身分參與 PayPal、Google、Intel、IBM、百度等企業的合作專案。

邵浩

博士，上海瓦歌智能科技有限公司總經理，深圳狗尾草智能科技有限公司人工智能研究院院長，上海市靜安區首屆優秀人才，帶領團隊打造 AI 虛擬生命產品「琥珀‧虛顏」的互動引擎。任中國中文資訊學會青年工作委員會委員、中國電腦學會 YOCSEF 上海學術委員會委員，研究方向為機器學習，共發表 40 餘篇論文，主持多項專案，曾在聯合國、世界貿易組織、亞利桑那州立大學、香港城市大學等機構任客座教授。

李方圓

狗尾草智能科技有限公司高級工程師，蘇州大學碩士，主要研究方向為自然語言處理、問答系統和知識圖譜，具有多年實戰經驗，目前為自然語言處理團隊總負責人，主導開發公司全線產品的對話互動功能。

張凱

狗尾草智能科技有限公司高級工程師，主要從事自然語言處理、對話系統、知識圖譜等領域的研究工作。在公司內部主導認知對話引擎的設計開發，以及通用領域知識圖譜的建設工作，參與編寫與發表《知識圖譜白皮書》及《知識圖譜評測標準》。

宋亞楠

中山大學資訊科學碩士，就學期間專攻影像處理與識別方向。在智慧硬體及人工智慧行業歷任軟體工程師、產品經理、戰略技術規劃經理等職位，產品多次榮獲 CES 創新獎，先後公開幾十項中國及 PCT 發明專利。

前言

❋ 緣起

寫作本書的初衷，是作者在聊天機器人相關的技術公司工作，在設計產品的過程中，深深感受到理論和實務的差別。舉例來說，學術界一直追捧的 seq2seq 技術，並未很好地應用至聊天機器人的產品。此外，對於剛入職的工程師，也沒有一本系統性的書籍，幫助他們快速理解和掌握聊天機器人的技術脈絡。因此，我心裡想著：為什麼不寫一本全面的技術書籍，將實踐中遇到的問題和解決方案都放進來，讓更多的讀者瞭解聊天機器人的知識體系，避免在工作中重蹈覆轍呢？於是開始本書的撰寫。希望本書能夠盡可能全面梳理聊天機器人技術，使讀者更深入地理解其背後的理論知識。

❋ 本書特色

本書為市面唯一完美結合中文自然語言處理與聊天機器人應用的專業書籍！書中不僅介紹聊天機器人的發展歷史，還深入說明不同類型聊天機器人的技術實作。無論是擁有實體的聊天機器人還是聊天機器人軟體，其功能都跳不出閒聊、問答、對話和主動互動 4 種。不同類型聊天機器人的著重點不一樣，但終極目標都是擁有自我感知能力，並能像人一樣進行情感互動。本書涵蓋的範圍比較廣泛，但受限於時間和精力，對某些特定的技術，僅僅列出簡要的介紹（例如語音辨識和語音合成技術），而將主要精力放在與文字型聊天機器人的互動上。對於業界的朋

友，希望本書能夠在您尋找特定技術時提供一定協助；針對學術界的專家，本書提出的許多難題，也期待在理論上加以研究並尋求突破。

本書共分 7 章。第 1 章簡要介紹聊天機器人的發展和分類，第 2 章說明聊天機器人的技術體系，第 3 章到第 5 章分別解說 3 種不同類型聊天機器人的技術實作（問答、對話和閒聊），第 6 章列出聊天機器人系統評測的相關資訊，第 7 章則提出聊天機器人進一步發展所面臨的技術挑戰和展望。下文簡要介紹每章的具體內容：

- **第 1 章「聊天機器人概述」**：本章追溯聊天機器人的發展歷史，並且闡述聊天機器人的分類和應用場景，從技術層面提供一個典型聊天機器人應該包含的技術框架，同時重點解說最具代表性的聊天機器人產品。

- **第 2 章「聊天機器人技術原理」**：本章從技術的角度，詳細介紹一個文字型聊天機器人涉及的技術，包括自然語言理解、對話管理和自然語言生成。除了傳統的自然語言處理技術外，也說明了深度學習在解決同類問題的研究進展。同時，引出跨越認知智慧的關鍵技術之一 —— 知識圖譜，透過不同的例子，闡述從建構到應用知識圖譜的過程。

- **第 3 章「問答系統」**：本章介紹聊天機器人的其中一種形式 —— 問答。針對某一問題，問答系統旨在取得精準的答案。文章重點說明基於知識庫的問答系統、建構知識庫所需的技術，並加上 IBM Watson 問答系統的詳細說明。此外，還有 4 種主流的問答方法，包括範本比對、語意解析、圖巡訪和深度學習。最後，文內舉了一個問答系統的具體實作案例。

- 第 4 章「對話系統」：本章主要介紹任務導向型對話系統。與問答系統不同，任務型對話系統旨在完成使用者指定的一項任務。從技術的層面而言，文章分別說明自然語言理解、對話狀態追蹤、對話策略學習及自然語言生成，同時穿插具體的案例，讓讀者更直觀地理解其內容。

- 第 5 章「閒聊系統」：本章分別介紹閒聊系統的兩種實作方式，一種基於對話庫檢索，另一種基於生成模型。除了技術的最新進展外，還舉出具體的實作案例。

- 第 6 章「聊天機器人系統評測」：本章梳理目前國內外聊天機器人評測的公開會議、資料集和進展，並分別針對問答系統和對話系統介紹詳細的評測方法。

- 第 7 章「聊天機器人挑戰與展望」：本章列出聊天機器人發展到現階段所面臨的挑戰，並且展望未來不同場景的應用。此外，對於聊天機器人發展的下一代範式——虛擬生命，詳列了筆者的見解和期望。

　　本書是集體智慧的結晶，寫作成員包括王昊奮、邵浩、李方圓、張凱、宋亞楠。同時，感謝許多同事和朋友，在寫作過程中給予的協助。我們從現實出發，考慮建置一個聊天機器人所需的技術，同時，關注國內外有關聊天機器人、自然語言處理、知識圖譜、機器學習的最新進展，並思考如何將這些技術真正應用於聊天機器人的建構。請留意，在寫作過程中，除了參閱許多領域專家的資料外，同時盡可能地列出所有的參考資料。如果您發現某些內容有爭議，敬請聯繫我們。

特別要感謝鄭柳潔編輯，沒有她的督促和協助，本書不可能順利完成。

✽ 擁抱人工智慧時代

最近幾年，技術的飛速發展讓每個人都無比興奮。同時也很激動地看到 AI 巨頭不斷地開源最新、最快的模型，例如 Google 的語言模型 BERT，已經在所有基準資料集上取得突破。「工欲善其事，必先利其器」，這些強大的演算法和工具，讓人工智慧領域的業者可以創造出更多、更好的產品。在人工智慧的發展過程中，希望可以貢獻自己的微薄之力。如果讀者能在閱讀的過程獲得一點靈感，也讓我們感到無比欣慰。

有意開創下一代聊天機器人範式的朋友，在此非常誠摯地邀請您，一起創造出讓人驚豔、跨越感知智慧和認知智慧的產品！

目錄

05 閒聊系統

06 聊天機器人系統評測

07 聊天機器人挑戰與展望

聊天機器人概述

▶ 1.1 聊天機器人的發展歷史

聊天機器人是一種透過自然語言模擬人類，進而與人進行對話的程式。它既可以在特定的軟體平台（如 PC 平台或者行動終端設備）上執行，也能在擬人的硬體設備上執行。聊天機器人已經有近 70 年的發展歷史，接下來便一同回顧半個多世紀以來，不同階段中典型的聊天機器人專案和產品。

1 聊天機器人起源及發展（1950—1990 年）

聊天機器人的研究，可以追溯到 1950 年圖靈（Alan M. Turing）在 *Mind* 期刊發表的文章 *Computing Machinery and Intelligence*，該文開宗明義就提出「機器能思考嗎？（Can machines think?）」的問題，然後透過讓機器參與模仿遊戲（Imitation Game）來驗證「機器」能否「思

考」，進而提出經典有名的圖靈測試（Turing Test）。通過圖靈測試被認為是人工智慧研究的終極目標[1]，圖靈本人也因此被稱為「人工智慧之父」。

已知最早發表的聊天機器人程式 ELIZA[1] 誕生於 1966 年，由麻省理工學院（MIT）的約瑟夫‧維森鮑姆（Joseph Weizenbaum）開發。維森鮑姆是自然語言處理方面的先驅，他設計的 ELIZA 被視為可用於臨床模擬羅傑斯心理治療的 BASIC 腳本程式。請注意，儘管 ELIZA 的實作技術僅為對使用者輸入電腦的話語做關鍵字比對，並且其回覆規則是由人工編寫而來（維森鮑姆的本意只是讓 ELIZA 模仿人類交談），但使用者與 ELIZA 交談時，卻如同面對著心理治療師，開始向 ELIZA 傾訴自己內心深處的想法。隨後，維森鮑姆撰寫了 *Computer Power and Human Reason* 一書，以表達他對人工智慧技術的看法。無論如何，ELIZA 對自然語言處理和人工智慧的研究與發展產生了重大影響，全球各地的研究機構也由此開始聊天機器人的相關研究。

1972 年，美國精神病學家肯尼斯‧科爾比（Kenneth Colby），他在史丹佛大學（Stanford University）以 LISP 編寫模擬偏執型精神分裂症的電腦程式 PARRY。由於 PARRY 呈現的對話策略，比維森鮑姆的 ELIZA 更嚴謹與先進，因此被描述為「有態度的 ELIZA」。研究人員在 20 世紀 70 年代早期，使用圖靈測試的變形對 PARRY 進行測試，測試由一組經驗豐富的精神科醫生參與，這些醫生透過電傳打字機，分別與

1　雖然俄羅斯人弗拉基米爾‧維希洛夫（Vladimir Veselov）創立的人工智慧軟體尤金‧古斯特曼（Eugene Goostman），在 2014 年就通過了圖靈測試，但聊天機器人離真正的「智慧」還有很長的路要走。

患者和執行 PARRY 的電腦進行對話，再將這些對話記錄展示給另一組（33 名）精神科醫生。這兩組精神科醫生分別被要求確定哪些對話是人類患者產生，或是由電腦程式產生。從測試結果得知，參與測試的兩組精神科醫生中，只有 48% 在規定時間內做出正確的判斷，正確率大約等於隨機投票的機率。

1988 年，英國程式設計師羅洛・卡本特（Rollo Carpenter）創造聊天機器人 Jabberwacky。Jabberwacky 專案的目標是「以有趣、娛樂和幽默的方式模擬自然的人際聊天」。這個專案也是透過與人類互動，創造人工智慧聊天機器人的早期嘗試，但 Jabberwacky 並未應用於執行其他功能。Jabberwacky 專案於 1997 年正式上線，上線後便儲存所有使用者與自己的對話，並且在對話過程中使用上下文模式比對技術，以找到最合適的回覆內容。Jabberwacky 沒有寫死的規則，它完全依賴於回饋原則，這一點與大多數基於規則約束的聊天機器人非常不同。

也是在 1988 同一年，加州大學柏克萊分校（UC Berkeley）的羅伯特・威廉斯基（Robert Wilensky）等人開發了名為 UC（UNIX Consultant）的聊天機器人系統。顧名思義，UC 聊天機器人的目的是協助使用者學習使用 UNIX 作業系統。UC 聊天機器人以英文回覆，它具備分析使用者輸入、確定需求、提供解決方案的規劃、決定與其溝通的內容，以及根據使用者對 UNIX 系統的熟悉程度進行建模等功能。如果說 ELIZA 開啟了智慧聊天機器人的研究，那麼 UC 則真正提高聊天機器人的智慧化程度。

1990 年，美國科學家兼慈善家休斯・羅布納（Hugh G. Loebner）設立了人工智慧年度比賽——羅布納獎（Loebner Prize）。羅布納獎旨在

藉助交談測試機器的思考能力，被視為圖靈測試的一種實踐，其比賽的獎項分為金、銀、銅三等。根據羅布納獎的規定，如果參與比賽的程式不僅通過以文字方式進行的交談測試，還能在音樂和影片測試中過關，則獲金獎，贏得 10 萬美元和一枚 18K 黃金製金牌，同時羅布納獎的年度比賽將會中止。倘若程式能在以文字方式進行的交談測試中，長時間迷惑住至少半數裁判，則獲銀獎。如果程式未達到以上標準，則在測試中迷惑住最多裁判的程式贏得 2000 美元和一枚銅獎。從 1991 年首屆比賽開辦，截至本書撰寫期間，尚無參賽程式達到金獎或者銀獎標準。

2 聊天機器人研究興起（1990—2010 年）

在羅布納獎的推動下，聊天機器人迎來了研究的高潮，其中較具代表性的聊天機器人系統是 1995 年 12 月 23 日誕生的 ALICE[2]（Artificial Linguistic Internet Computer Entity）。受到相關研究的啟發，人工智慧科學家理查‧華勒斯（Richard S. Wallace）博士在 1995 年開發了 ALICE 系統，ALICE 可以透過和網民的聊天不斷學習，同時根據大量的預設問答範本回答使用者的問題。雖然 ALICE 曾在 2000 年、2001 年和 2004 年三次獲得羅布納獎，但其和 ELIZA 並無本質上的區別（ALICE 仍然完全基於範本比對技術，不具備邏輯推理能力）。理查‧華勒斯博士將 ALICE 安裝到網路伺服器，並於 1998 年開源該專案，目前全世界已有超過 500 位開發者為 ALICE 專案貢獻程式碼。

2　http://www.alicebot.org/

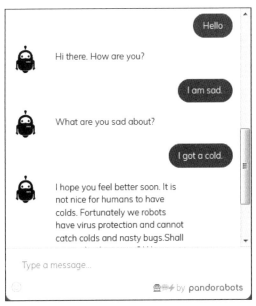

圖 1-1　筆者與 ALICE 的聊天記錄

　　儘管 ALICE 採用的是啟發式範本比對的對話策略，但是它仍然被認為是同類型聊天機器人中，效能最好的系統之一。圖 1-1 為筆者與 ALICE 聊天的畫面。請留意，隨 ALICE 一同發布的 AIML（Artificial Intelligence Markup Language），目前在行動端虛擬助理的開發領域得到廣泛的應用。

　　2001 年，SmarterChild 在簡訊和即時聊天工具的廣泛流行，使得聊天機器人第一次應用到即時通訊領域。2006 年，IBM 開始研發能夠以自然語言回答問題的最強大腦 Watson，作為一台基於 IBM「深度問答」技術的超級電腦，Watson 能夠採用上百種演算法，在 3 秒內找出特定問題的答案。

3 聊天機器人研究方興未艾（2010 年至今）

2010 年，蘋果公司推出了人工智慧助理 Siri，Siri 的技術源自美國國防部高級研究規劃局公布的 CALO 計畫：一個簡化軍方繁複事務，且具備學習、組織及認知能力的虛擬助理。CALO 計畫衍生出來的民間版軟體，就是 Siri 虛擬個人助理。

此後，微軟小冰、微軟小娜（Cortana）、阿里小蜜、京東 JIMI、網易七魚等各類聊天機器人層出不窮，並且逐漸滲透進人們生活的各個領域。

2016 年，全球各大公司開始推出可用於聊天機器人系統建置的開放平台或開源架構。

2010 年至今，指標性的聊天機器人產品如圖 1-2 所示。

圖 1-2 指標性的聊天機器人產品

聊天機器人的發展歷史，說明人類從未放棄將其作為人機互動工具的研究。特別是最近幾年，隨著人工智慧相關技術「東風」漸起，自然語言處理研究碩果頗豐，聊天機器人的相關技術迅速發展。同時，聊天

機器人作為一種新穎的人機對話模式，正成為行動搜尋和服務的入口之一，畢竟搜尋引擎的最終形態很可能就是聊天機器人。眾多人工智慧領域的探索者和開發者，都想緊緊抓住並搶佔聊天機器人此一新的互動入口。

▶ 1.2 聊天機器人的分類與應用場景

近年來，基於聊天機器人系統的應用層出不窮，下面便從幾個維度進行分類。

1 基於應用場景的聊天機器人

從應用場景的角度來看，可將聊天機器人分為線上客服、娛樂、教育、個人助理和智慧問答 5 類。

線上客服聊天機器人系統的主要功能是：自動回覆使用者所提出、與產品或服務相關的問題，以降低企業客服營運成本、提升使用者經驗。其服務通常是以網站和手機為載體而實現，代表性的商用線上客服聊天機器人系統有小 i 機器人、京東 JIMI 客服機器人、阿里小蜜等。以京東 JIMI 客服機器人為例，使用者可以透過與 JIMI 聊天，進而瞭解商品的具體資訊、平台的活動資訊，以及回饋購物中存在的問題等。另外，JIMI 具備一定的拒識能力，因此知道自己無法回答客戶的哪些問題，然後即時將其轉向人工客服。阿里巴巴集團在 2015 年 7 月 24 日發表一款人工智慧購物助理虛擬機器人，名為「阿里小蜜」。阿里小蜜基於客戶需求所在的垂直領域（服務、導購、助理等），藉由「智慧＋人工」的方式提供良好的客戶體驗。

娛樂場景下的聊天機器人系統的主要功能是：和使用者進行不限定主題的對話（閒聊），進而達到陪伴、慰藉等作用。應用場景集中在社群媒體、兒童陪伴及娛樂、遊戲陪練等領域。代表性的系統如微軟的「小冰」、微信的「小微」、北京龍泉寺的「賢二機器僧」等。其中微軟的「小冰」和微信的「小微」，除了能夠與使用者進行開放性主題的聊天，還能提供特定主題的服務，例如支援使用者詢問天氣、回答關於生活常識等疑問等。

　　應用於**教育場景下的聊天機器人系統**，可以根據教育內容的不同進一步劃分。例如，透過建構互動式的語言使用環境，協助使用者學習某種語言的聊天機器人；在學習某項專業技能時，指導他們逐步深入地學習並掌握該技能的聊天機器人（如前文介紹的 UC 聊天機器人）；在特定的年齡階段，幫助進行某種知識的輔助學習的聊天機器人（如目前流行的兒童教育機器人）等。這類聊天機器人的應用場景為具備人機互動功能的學習、培訓類產品，以及兒童智慧玩具等。

　　個人助理類應用透過語音或文字與使用者互動，實現使用者個人事務的查詢及代辦，如天氣查詢、簡訊收發、定位及路線推薦、鬧鐘及日程提醒、訂餐等，好讓使用者可以更便捷地處理日常事務。個人助理的典型應用場景為可攜式行動終端設備，如智慧手機、智慧耳機、筆記型電腦等。

　　智慧問答類聊天機器人系統能夠回答使用者以自然語言形式提出的事實型問題，以及其他需要計算和邏輯推理的複雜問題，以滿足使用者的資訊需求，並達到輔助其決策的目的。智慧問答聊天機器人的應用場景相對單一，通常作為問答服務整合到聊天機器人系統中。這類系統不

僅要考慮如 What、Who、Which、Where、When 等事實型問答，也要考慮如 How、Why 等非事實型問答，因此智慧問答的聊天機器人通常作為聊天機器人的一個服務模組。典型的智慧問答系統包括 IBM 研發的 Watson、沃爾夫勒姆研究公司開發的搜尋引擎 WolframAlpha[3]、Peak Labs 開發的搜尋引擎 Magi[4] 等，而後兩者都屬於根據結構化知識庫建構的問答系統。

2 基於實作方式的聊天機器人

從實作的角度來看，聊天機器人可以分為**檢索式**和**生成式**。檢索式聊天機器人的回答是提前定義的，機器人在聊天時使用規則引擎、模式比對或者機器學習訓練好的分類器，從知識庫中挑選一個最佳的回覆給使用者。也就是說，需要事先準備一個知識庫，聊天機器人系統收到使用者輸入的句子後，在知識庫中以檢索方式提取回應的內容。這種實作方式對知識庫的要求相對較高，需要預定義的知識庫足夠大，儘可能符合問句，否則檢索式聊天機器人系統會經常出現找不到合適回覆的情況。優點是回答的品質高，表達比較自然。生成式聊天機器人則採取不同的技術概念，不依賴於提前定義的回答，但是在訓練機器人的過程中要求大量的語料，包含上下文聊天資訊和回覆。此種模型的機器人在收到使用者輸入的自然語言後，將採用一定技術自動產生一句話作為回應。生成式聊天機器人的優點是可能涵蓋任意話題、任意句型的輸入，缺點則是產生的回應句子的品質很可能有問題，例如出現語句不通順、語法錯誤等比較基本的錯誤。

---

3 http://www.wolframalpha.com

4 http://www.peak-labs.com/#magi

目前在具體的正式環境中，儘管提供聊天服務的一般都是檢索型的聊天機器人系統，但是基於深度學習的 seq2seq（sequence to sequence）模型的出現，可能使生成式的聊天機器人系統成為主流。

3 基於功能的聊天機器人

基於功能的聊天機器人，大致可以分為問答系統、任務導向型對話系統、閒聊系統和主動推薦系統 4 種，這 4 種聊天機器人系統的總結如表 1-1 所示。

表 1-1　基於功能的聊天機器人分類

分　類	問答系統	任務導向型對話系統	閒聊系統	主動推薦系統
所屬領域	特定領域	特定領域	開放領域	特定領域
主要功能	知識取得	完成客戶期望的任務或動作	陪客戶閒聊	資訊主動推薦
典型應用場景	客服	預訂機票	娛樂、情感陪伴	為使用者推薦個性化的資訊
典型應用	IBM Watson	蘋果 Siri	微軟小冰	今日頭條

目前，問答系統和主動推薦系統的評價指標較為客觀，評價方式也相對成熟。而任務導向型對話系統和閒聊系統，在指定相同輸入的情況下，系統可能有各式各樣的回覆形式。對於相同的輸入，通常有多種合理且不定數目的回覆，導致很難透過一種客觀的機制進行評價，所以需要加入人們的主觀判斷，以作為評價的依據之一。

本書將按照功能分類依序介紹問答系統、任務導向型對話系統，以及閒聊系統的實作和測評。

1.3 聊天機器人生態介紹

通常，一個完整的聊天機器人系統的框架如圖 1-3 所示，主要包含自動語音辨識、自然語言理解、對話管理、自然語言生成及語音合成 5 個功能模組。請特別注意，並不是所有的聊天機器人系統都需要語音技術。例如，以文字方式實作人機互動的聊天機器人系統，就不需要自動語音辨識模組和語音合成模組。因此，自動語音辨識和語音合成並非本書的重點，筆者將對這兩部分技術在聊天機器人系統中的地位和作用，進行簡單的介紹。

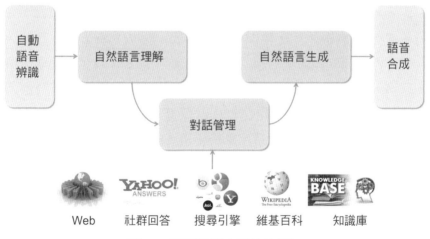

圖 1-3 聊天機器人系統的框架

（1）自動語音辨識（Automatic Speech Recognition，ASR）模組負責將原始的語音訊號轉換成文字資訊。

（2）自然語言理解（Natural Language Understanding，NLU）模組
　　　負責將識別後的文字資訊，轉換為機器可以理解的語意表示。

（3）對話管理（Dialogue Management，DM）模組負責根據目前對
　　　話的狀態，判斷系統應該採取怎樣的動作。

（4）自然語言生成（Natural Language Generation，NLG）模組負責
　　　將系統動作／系統回覆，轉變成自然語言文字。

（5）語音合成（Text-to-Speech，TTS）模組負責將自然語言文字變
　　　成語音訊號，然後輸出給使用者。

　　圖 1-4 提供聊天機器人的生態體系。圍繞聊天機器人生態圈，從產品的角度分析，除了有硬體形態的 Amazon Echo、公子小白等聊天機器人外，還有純軟體類型的蘋果 Siri 和微軟小冰等。為了加速聊天機器人的研發，2016 年前後，不少巨頭或企業開始對外提供聊天機器人框架（Bot Framework），以 SDK 或 SaaS 服務的形式向第三方公司或個人開發者，提供可用於建構特定應用和領域的聊天機器人，典型代表包括 Amazon Alexa 使用的 Amazon Lex 服務、微軟推出包含在認知服務（Cognitive Services）大框架下的 LUIS with Bot、api.ai〔後被 Google 收購〕、Wit.ai（後被 Facebook 收購）等。除了提供開發聊天機器人的 API，許多聊天機器人平台（Bot Platform）已經考慮如何將其開發的聊天機器人系統，部署到一些常用平台（如微信或 Facebook 等）。

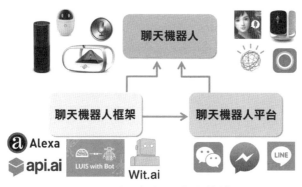

圖 1-4　聊天機器人的生態體系

接下來分別介紹聊天機器人體系下，框架、平台和產品的典型代表。

1.3.1　典型聊天機器人框架介紹

Amazon Lex 是一種能在任何程式中，以語音和文字建構對話介面的服務。Amazon Lex 具有進階自動語音辨識功能，可將語音轉換為文字；此外還提供自然語言理解功能，用來識別文字的意圖，好讓開發者快速建置極具吸引力，且對話互動高度擬人化的應用程式。藉助 Amazon Lex，Amazon 將支援 Amazon Alexa 的深度學習技術開放給所有開發人員使用，進而使其能夠輕鬆快速地建構出具備自然語言理解能力的精密對話機器人，亦即支援更深層次、人機互動的聊天機器人。

Amazon Lex 提供可擴充、安全與易於使用的端到端（end2end）解決方案，以建構、發布和監控開發人員發表的機器人。圖 1-5 具體地展示聊天機器人如何透過對話的方式，協助使用者完成訂花的需求。

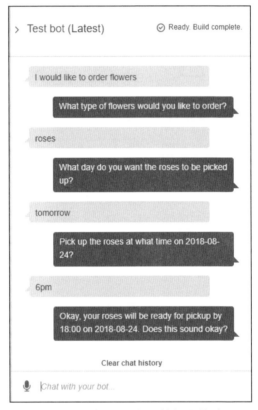

圖 1-5　聊天機器人在訂花場景的應用

　　另一個典型的聊天機器人框架是 Facebook 的 Wit.ai。Wit.ai 累積大量高品質的對話資料，有效促進了聊天機器人系統的發展，並藉由人工智慧和人類智慧的結合，進一步提升聊天機器人的智慧水準。圖 1-6 所示為 Wit.ai 網站的畫面。

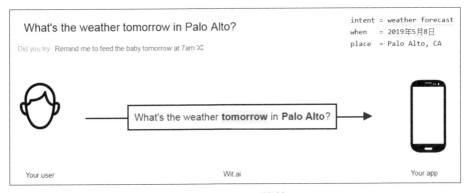

圖 1-6 Wit.ai 網站

1.3.2 聊天機器人平台介紹

　　開發人員可以透過聊天機器人「框架」，建構自己的聊天機器人「產品」，進而將產品部署到合適的聊天機器人「平台」上。例如，微信公眾平台可視為聊天機器人平台，各種服務機構和個人利用此平台，開發和部署針對自己服務物件的聊天機器人，以滿足客戶的需求。一般對岸熟悉的微信個人號、微信群、微信公眾號和微信服務號的很多功能（例如自動回覆等），都是交由虛擬的聊天機器人實現。微信也對營運者開放介面，允許他們介接採用第三方服務設計的聊天機器人，進一步促進聊天機器人開發和應用的迅速成長。

　　另一個具有代表性的平台是小 i 機器人，其提供智慧型機器人技術和平台，建立包括知識表示、推理預測、機器學習（深度學習）、語意理解、分析決策，以及開發聊天機器人的完整架構，並同時擁有商業化的智慧型機器人應用產品。

1.3.3 典型的聊天機器人產品介紹

前文已經介紹了聊天機器人的 4 種分類，包括問答系統、任務導向型對話系統、閒聊系統和主動推薦系統，本節挑選具有代表性的聊天機器人產品詳細説明。

1 蘋果公司發布的個人語音助理 Siri

2011 年 10 月 14 日，蘋果公司在 iPhone 4S 發表會上推出新一代的個人智慧助理 Siri。Siri 具備聊天和執行使用者指令的功能，蘋果公司將其視為行動終端應用的總入口。但是，由於系統本身有關自動語音辨識能力、自然語言理解能力的不足，以及受到使用者習慣以語音和 UI（User Interface，使用者介面）兩種操作形式進行人機互動等問題的限制，Siri 沒能真正擔負起個人事務助理的重任。無論如何，Siri 透過自然語言互動的形式實現問答、推薦、手機操作等功能，並且整合進 iOS 5 及之後的 iOS 版本中，使得個人智慧助理的概念在使用者群體中得到廣泛認知。

Siri 定位為任務導向型對話系統，為使用者提供打電話、訂餐、訂票、播放音樂等服務。這些服務本質上都是以指令指示手機作業系統去完成一個任務，指令的產生需要 Siri 理解使用者的輸入和意圖，因此涉及自然語言理解。Siri 對接了很多服務，且設定了「兜底（全盤托出）」操作，當它無法理解輸入時，就命令搜尋引擎回傳相關的服務。Siri 的出現，引領了行動終端個人事務助理的商業化發展潮流。

圖 1-7 列出 Siri 的技術框架，主要流程包括自動語音辨識、自然語言理解（包括分詞、詞性標註、命名實體識別等基礎自然語言處理技

術，以及模式動作映射等語意解析模組）、服務管理、回覆生成，以及語音合成等 5 個部分。其中，服務管理整合內部和外部的各類服務介面，例如電子郵件、地圖、天氣等，進而提供更便捷的語音助理服務。

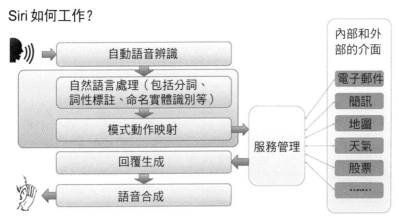

圖 1-7　Siri 技術框架介紹

2 IBM 公司發布的「最強大腦」

　　2011 年 2 月，IBM 耗資 3000 萬美元研發的 IBM Watson，登上了美國著名智力問答競賽節目《危險邊緣》（*Jeopardy*）。面對節目中充滿雙關意思的英文問題，IBM Watson 能夠分析，並在龐大的自然語言知識庫中尋找線索，然後組合成答案。最終，IBM Watson 壓倒性地擊敗節目中最聰明的人腦，同時創下這個知識競賽系列節目 27 年歷史的最高分。IBM Watson 作為 IBM 公司研發的問答系統，整合了自然語言處理、資訊檢索、知識表示、自動推理、機器學習等多項技術的應用，形成假設認知和大規模的證據搜集、分析、評價的深度問答技術。IBM Watson 能夠分析自然語言形式的資料，並透過大規模學習和推理，為使用者提供個性化服務。

後續章節將詳細介紹 Watson 的實作方法。

3 Google 公司發布的智慧個人助理 Google Now

2012 年 7 月 9 日，Google 發表了智慧個人助理 Google Now（編註：目前已定名為 Discover）。Google Now 透過自然語言互動的方式，為使用者提供頁面搜尋、自動指令等功能。Google 最大的優勢是強帳號關聯，藉由 Gmail 將不同平台的帳號連結在一起，針對個別使用者達到非常強的個性化。舉例來說，Gmail 有一個智慧回覆（smart reply）功能，根據使用者的習慣與風格形成範本。此處順帶介紹 Google 公司的 Allo（如圖 1-8 所示），Allo 是在前述工作的基礎上發表的語音助理。Allo 具備隨時間推移學習使用者行為的能力。

圖 1-8 Google 公司的 Allo

4 微軟發布的個人機器人助理 Cortana 和聊天機器人小冰

2014 年 4 月 2 日，微軟發布個人機器人助理 Cortana。Cortana 定位為個人助理，並將其嵌入 Windows 作業系統中。同時，微軟也發表另一款聊天機器人——小冰，它主要應用於閒聊和情感陪伴。2018 年 7 月，微軟對小冰進行了功能升級，推出了第六代小冰[5]（編註：目前僅支援簡體平台）。

圖 1-9　微軟官網對小冰的介紹

圖 1-9 所示為微軟官網對小冰的介紹，圖 1-10 為小冰的對話範例。

作為聊天機器人的一種分類，主動推薦系統採用一種實現個性化資訊推送的技術方式。這類系統不需要使用者提供明確的需求，而是透

5　http://www.msxiaoice.com/

過分析他們的歷史行為資料，以建立使用者輪廓，再基於此主動向其推薦系統認為能夠滿足使用者興趣和需求的資訊。在電商購物（如阿里巴巴、亞馬遜）、社群網路（如 Facebook、微博）、新聞資訊（如今日頭條）、音樂電影（如網易雲音樂、豆瓣）等領域，均有廣泛而成功的應用。本質上，主動推薦系統是一項輔助人們解決資訊超載（information overload）問題的工具。所謂的資訊超載，是指使用者真正需要、真正感興趣的東西被淹沒在同類物品的海洋裡。為了找到它，他們需要耗費大量的時間和精力。

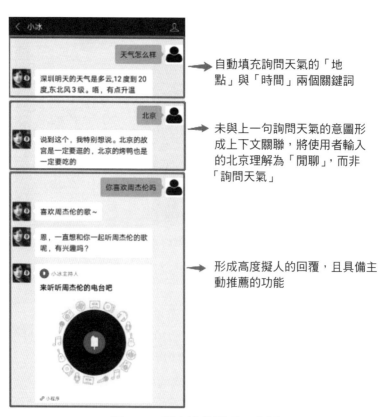

圖 1-10 與小冰的聊天示意圖

　　為了解決資訊超載問題，迄今為止經歷了分類目錄、搜尋引擎、主動推薦系統3個技術發展階段。搜尋引擎可以滿足使用者的明確目的、主動查找的需求；主動推薦系統則是在使用者沒有明確目的時，協助他們發現感興趣的新內容。傳統的推薦系統一般僅考慮針對推薦物件的評分（User-item Rating），不理會時間、地點、場景、情緒、活動狀態等上下文，因此無法適應相對複雜的環境；而主動推薦系統一般會考慮更多的上下文場景，藉由結合更豐富、多維度的使用者輪廓資訊，向其提供更準確、更有效的建議，實現聊天機器人的主動交流。

　　圖1-11展示一個典型由使用者主導的對話過程，機器人只是單純地回答他們提出的問題。圖1-12則展示機器人主動和使用者互動的對話過程，機器人理解了「使用者可能感冒了」這一隱藏的事實之後，對他進行了對應的關懷。透過這個小例子得知，主動的對話模式能夠顯著提升使用者經驗，且機器人主動交流的方式，更接近真實人與人之間的對話情境，使得對話更自然。

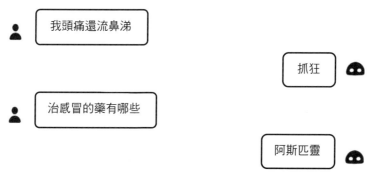

圖 1-11　由使用者主導的對話過程

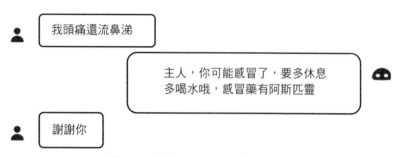

圖 1-12 機器人主動推薦的對話

　　一種實作主動推薦的方式，是基於知識圖譜（Knowledge Graph）的主動推薦系統。例如，在設計音樂領域的主動推薦系統時，可先建立音樂領域知識圖譜和使用者知識圖譜，然後在搜集使用者資訊的過程中，產生他們的音樂喜好輪廓，進而更精準地對其進行音樂推送。利用微信公眾號實作主動推薦系統的流程，如圖 1-13 所示。

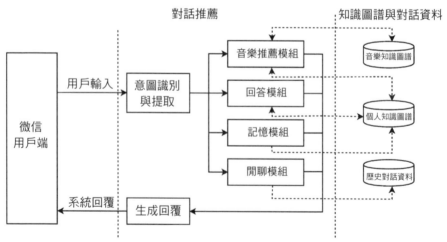

圖 1-13 利用微信公眾號實作主動推薦系統的流程

　　從圖 1-13 得知，在使用者點播歌曲的過程中，主動推薦系統可以結合音樂知識圖譜、使用者的個人知識圖譜，以及他的歷史對話資料，綜合提供最佳的音樂推薦。

　　主動推薦系統與問答系統、任務導向型對話系統和閒聊系統，被認為是聊天機器人產品的 4 種主要類型。但由於主動推薦系統的發展時日尚短，從技術到產品邏輯都不甚完善，在後續介紹不同類型聊天機器人產品的具體技術時，就不再將主動推薦系統作為單獨章節進行解說。

▌1.4 參考文獻

1. J. Weizenbaum, ELIZA—a computer program for the study of natural language communication between man and machine, Communications of the ACM, vol. 9, No. 1, pp. 36-45, 1966.

聊天機器人技術原理

　　正式介紹聊天機器人關鍵技術之前，先對不同類型聊天機器人系統的技術進行重點說明，以便讀者更容易理解其關鍵技術。

　　目前，較流行的聊天機器人系統包括問答系統、任務導向型對話系統、閒聊系統，以及近來盛行的主動推薦系統。

1 問答系統

　　問答系統（Question Answering，QA）由最初的搜尋需求發展而來，基本為「一問一答」的互動模式，因此建構此系統時，一般不會涉及對話管理相關的技術。第 1 章曾介紹過，聊天機器人的核心模組包括自然語言理解、對話管理和自然語言生成。在自然語言理解層面，問答系統偏重問句分析，目的是取得問句的主題詞、問題詞、中心動詞等。目前，問句分析主要採用模板比對和語意解析兩種方式。

2 任務導向型對話系統

任務導向型對話系統，目的是解決使用者的明確需求。此類系統透過對話管理追蹤目前的對話狀態，進而確定使用者的目的和需求，因此，對話管理是任務導向對話系統的一個技術重點。也就是說，不同於問答系統不涉及對話管理技術的情況，對話管理在任務導向型對話系統中佔據重要位置。這類對話系統中的自然語言理解技術，並不側重於對某類句子和某類詞的識別，而是聚焦於將輸入的自然語言映射為使用者的意圖和對應的槽位值（意圖和槽位的定義詳見本書 4.2 節）。

3 閒聊系統

閒聊系統針對的是使用者沒有特定目的、沒有具體需求情況下的多輪人機對話，其建構過程需要同時注意對話管理（上下文多輪互動）和自然語言理解兩個模組的建構。

4 主動推薦系統

主動推薦系統仍處於起步階段，作為人機自然互動的關鍵環節，其作用更多是呈現聊天機器人的認知能力。

從技術的角度來看，不同類型的人機對話系統都包括自然語言理解、自然語言生成和對話管理 3 個模組，但不同類型的人機對話系統著重的技術模組，以及在各個模組使用的技術細節均有所差別。因此，本章將從這 3 個層面，逐步闡述建置聊天機器人的通用技術。

▍2.1 自然語言理解

首先簡述自然語言的出現和作用。

語言是指生物同類之間由於溝通需求而制定的指令系統，語言與邏輯相關，目前只有人類才能使用體系完整的語言，進行溝通和思想交流。

自然語言通常會自然地隨文化發生演化，英語、中文、日語都是具體種類的自然語言，這些自然語言履行著語言最原始的作用：人們進行互動和思想交流的媒介性工具。一般可以從語音、音韻、詞態、文法、語意、語用 6 個維度理解自然語言。

（1）語音是與發音相關的學問（例如兒童學習的中文拼音等），主要在前文介紹的語音技術中發揮作用。

（2）音韻是由語音組合起來的讀音，即中文拼音和四聲調。

（3）詞態封裝可用於自然語言理解的有用資訊，其資訊量的大小取決於具體的語言種類。請特別留意，中文沒有太多的詞態變換（不像拉丁語系語言），僅存在不同的偏旁，導致出現詞的性別轉換的情況（例如「他」「她」）。

（4）文法主要研究詞語如何組成合乎語法的句子，文法提供單字組成句子的約束條件，為語意的合成提供框架。

（5）語意和語用是自然語言包含和表達的意思。

對電腦來說，自然語言處理的難度主要呈現在以下幾個方面：

（1）自然語言千變萬化，沒有固定格式。同樣的意思可以使用多種句式來表達，當調整一個字、調整語調或者語序時，呈現出的意思可能相差甚多。

（2）不斷有新的詞彙出現，電腦需要不斷地學習新詞彙。

（3）在不同的場景（上下文語境）下，同一句話表達的意思可能不同。

2.1.1 自然語言理解概述

1 什麼是自然語言理解

自然語言理解以語言學為基礎，融合邏輯學、電腦科學等學科，透過對文法、語意、語用的分析，取得自然語言的語意表示。其目的是為聊天機器人產生一種機器可讀、自然語言的語意表示形式，圖 2-1 形式化地表示自然語言理解的作用。

圖 2-1 形式化表示自然語言理解的作用

從圖 2-1 中得知，自然語言理解模組以自然語言作為輸入，處理後輸出機器可讀的語意表示。自然語言理解作為聊天機器人系統的基礎核心模組，面臨以下幾點挑戰：

　　首先，自然語言理解的準確率受語音辨識（第 1 章已經介紹過語音辨識的相關內容）準確率的影響。目前語音辨識的錯誤率在複雜環境下仍然較高，因此會對自然語言理解的準確性產生負面影響。

　　其次，自然語言表達的語意，本身存在一定的不確定性，同一句話在不同情境下的語意可能完全不同。例如，當提到「肯德基到家」時，可能是外賣需求，也可能是從肯德基到客戶家的叫車需求，必須配合上下文情境，才能更好地理解這類句子表達的涵義。再舉一例，當客戶說「明早 8 點叫我起床」，如果輸入發生在 23:00，那麼「明早」指的是「第二天早上」；如果輸入發生在 00:01，那麼「明早」一般指的就是「當天早上」。

　　最後，人類講話時往往出現不流暢、錯誤、重複等情況，對機器來說，在它理解一句話時，句中每個詞的確切意義並不重要，重要的是這句話整體所表達的意思。

　　在中文自然語言理解中，還有一點需要特別注意：英文中單字之間是以空格作為自然分隔符號，而中文中的詞語並沒有形式上的自然分隔符號，因此在設計中文的聊天機器人系統時，需要先對文字進行分詞處理。除此之外，詞性是詞彙的一種強特徵，所以在分詞的同時，還要對單字進行詞性標註。

2 聊天機器人中的自然語言理解

　　聊天機器人系統中的自然語言理解模組的功能，主要包括實體識別、使用者意圖識別、情感識別、指代消解、省略恢復、回覆確認及拒

識判斷等。實體識別又稱命名實體識別（Named Entity Recognition），指識別自然語言中具有特定意義的實體，如人名、時間、地名及各種專有名詞。使用者意圖識別中，需要識別的包括顯式意圖和隱式意圖，顯式意圖通常對應一個明確的使用者需求，而隱式意圖則較難判斷，表2-1 舉例說明顯式意圖和隱式意圖。情感和意圖類似，也可以分為顯式和隱式兩種，表 2-2 是顯式情感和隱式情感的舉例說明。

指代消解和省略恢復是指聊天主題背景一致的情況下，人們在對話過程中，通常會習慣性地使用代詞取代已經出現過的某個實體或事件，或者為了方便表述，省略部分句子的情況。自然語言理解模組需要明確代詞取代的成分，以及句子中省略的成分，唯有如此，聊天機器人才能正確理解使用者的輸入，提供合乎上下文語意的回覆。當使用者意圖、聊天資訊等帶有一定的模糊性時，聊天機器人便得主動詢問他們，確認其意圖，即回覆確認。拒識判斷是指聊天機器人系統應當具備一定的拒識能力，主動拒絕識別及回覆超出自身理解／回覆範圍，或者涉及敏感話題的輸入內容。

表 2-1 使用者顯式意圖和隱式意圖的例子

顯式意圖範例	隱式意圖範例
使用者：明天幫我預訂蛋糕	使用者：好熱啊
意圖：Book_Cake	意圖：Set_Ac 或 Get_Temp
說明：明確表示了預訂蛋糕的意圖	說明：可能想知道目前溫度或控制空調

表 2-2 使用者顯式情感和隱式情感的例子

顯式情感範例	隱式情感範例
使用者：今天心情真好	使用者：今天和客戶談判出問題了
情緒：正面	情緒：負面
說明：明確表示了喜悅的心情	說明：電腦不太容易判斷使用者此時的情感

3 自然語言理解技術概述

通常，自然語言理解的主要方法分為基於規則和基於統計兩種。基於規則的方法是指利用規則，定義如何從文字中提取語意。大致概念是人工定義很多語法規則，它們是表達某種特定語意的具體方式，然後自然語言理解模組根據這些規則解析輸入該模組的文字。基於規則的自然語言理解模組的優點是靈活，可以定義各式各樣的規則，而且不依賴訓練資料；缺點是需要大量、涵蓋不同場景的規則，且隨著規則數量的增長，對規則進行人工維護的難度也會增加。因此，基於規則的自然語言理解只適用於相對簡單的場景，**其優勢在於可以快速實作一個簡單可用的語意理解模組。**

當資料累積到一定程度，就得考慮採用基於統計的自然語言理解方法。基於統計的自然語言理解方法通常使用大量的資料訓練模型，並以訓練所得的模型執行各種上層語意任務。其優點是資料驅動且強健性較好，缺點是訓練資料難以取得且模型難以解釋和偵錯。基於統計的自然語言理解，一般使用資料驅動的方法解決分類和序列標註問題，因此研究人員將意圖識別定義成一個分類問題。這個問題的輸入是句子的文字特徵，輸出則是該特徵所屬的意圖分類，SVM、AdaBoost 演算法等可

用來解決該問題。實體抽取可被直觀地描述成一個序列標註問題，問題的輸入是句子的文字特徵，輸出是特徵中每個詞或每個字屬於某一實體的機率，以隱馬可夫模型（Hidden Markov Model，HMM）、條件隨機域（Conditional Random Field，CRF）等演算法便能有效地解決該問題。另外，當資料量足夠大時，以基於神經網路的深度學習方法處理意圖識別和實體抽取任務，可以取得更好的效果。

與基於規則的自然語言理解相較下，基於統計的方法依靠資料驅動，資料量越大，資料的分布就越能表達真實情況，模型效果的強健性就越好。根據上述描述得知，基於統計的方法必須訓練資料，尤其是當採用深度學習方法時，更是需要大量的資料。同時，由於長尾資料（即出現次數較少的資料場景）普遍存在，基於統計的方法在實際應用中的效果，也受到訓練資料品質的影響。

具體實作時，通常是結合使用這兩種方法。

（1）沒有資料及資料較少時，先採用基於規則的方法；當資料累積到一定規模時，便逐漸轉為基於統計的方法。

（2）基於統計的方法能夠涵蓋絕大多數場景，在一些涵蓋不到的場景中，可改用基於規則的方法，以此保證自然語言理解的效果。

換句話說，自然語言理解是所有聊天機器人系統的基礎，目前許多公司將其作為一種雲端服務，方便其他產品快速地具備語意理解能力。例如，Facebook 的 Wit.ai、Google 的 api.ai 和微軟的 LUIS.AI 等，都是類似的服務平台。具體來說，使用者需要上傳資料到服務平台，平台根

據資料訓練出模型,並提供訓練所得模型的介面供使用者呼叫。這類服務平台能夠快速地建置出資料驅動的自然語言理解模組,但這些服務平台過度強調通用性,且資料處理方式和業務處理邏輯,對一般開發者而言都是黑盒子,因此很難滿足開發者的客製化需求。

2.1.2 自然語言理解基本技術

　　詞法分析、句法分析、語意分析等基本的自然語言處理技術,對聊天機器人系統的自然語言理解功能,發揮著極為重要的作用,三者的關係可以用圖 2-2 大致表示。

圖 2-2　詞法分析、句法分析、語意分析的關係

1 詞法分析

　　中文具有大字元集(常用漢字約有六、七千字,遠遠多於英文的 26 個字母)、詞與詞之間沒有明確的分隔標記、多音現象嚴重、缺少形態變化(單複數、時態、陰陽性)等特點。這些特點為中文的詞法分析帶來分詞詞表的建立、重疊詞區分(如「黑」和「黑黑的」)、歧義欄位切分,以及專有名詞的識別等問題。

　　從學術的角度來看,詞是語言中獨立運用的最小單位,也是資訊處理的基本單位。中文的詞法分析(Lexical Analysis)包括中文分詞和詞性標註兩部分。

中文不同於英文，它沒有自然分隔符號（明顯的空格標記），因此中文自然語言處理的首要工作，就是將輸入的字串切分為單獨的詞語，這一步稱為分詞（Word Segmentation）。目前採用的中文分詞方法，主要有基於詞表比對和基於統計模型的方法。

基於詞表的方法，會逐字掃描字串，當其內的子字串和詞表中的詞相同就算符合。本方法通常有正向最大比對法、逆向最大比對法、雙向掃描法和逐詞巡訪法等。常見基於詞表的分詞工具有 IKAnalyzer、庖丁解牛等。基於統計模型的方法根據人工標註的詞性和統計特徵，對中文進行建模，透過模型計算各種分詞出現的機率，將機率最大的分詞作為最終結果。此方法的常用演算法為 HMM、CRF 等。常見基於統計模型的分詞工具有 ICTCLAS、Stanford Word Segmenter 等。深度學習興起後，長短期記憶網路（LSTM）結合 CRF 方法，得到了快速的發展。

詞性是詞語最基礎的文法屬性之一，因此研究者通常將詞性標註（Part-Of-Speech Tagging，POS Tagging）視為詞法分析的一部分。

詞性標註的目的是為句子的每個詞賦予一個特定的類別，意即為分詞結果的每個單字標註詞性（例如名詞、動詞、介係詞等）。這個過程是非常典型的序列標註問題。一個句子中最重要、最能表達句子所含資訊的 4 種詞性為名詞、動詞、形容詞和副詞。這 4 類詞屬於開放類型（Open Class），其中的詞量隨著時間增加；相對於開放類型，封閉類型（Closed Class）中的詞相對固定，其中包括冠詞、介係詞、連接詞等。詞性標註是根據詞的功能將其分組的典型方法，表 2-3 針對自然語言「The results appear in today's news」舉出一個特定的詞性標註範例。

表 2-3 對句子進行詞性標註的範例

詞	The	results	appear	in	today	's	news
詞性	det （冠詞）	noun （名詞）	verb （動詞）	preposition （介係詞）	noun （名詞）	possessive （形容詞）	noun （名詞）

　　詞性標註最初採用的主要模型是隱馬可夫生成式模型，之後陸續採用與嘗試判別式的最大熵模型、支援向量機模型等。詞性標註的方法主要有兩種：基於規則的方法和基於統計模型的方法。基於規則的詞性標註方法按照兼類詞，搭配關係和上下文情境建造詞類消歧規則。基於統計模型的詞性標註方法透過模型計算各種詞性出現的機率，將機率最大的詞性作為最終結果。學術界通常採用結構感知器模型和條件隨機域模型，以解決詞性標註問題。隨著深度學習技術的發展，研究者也提出許多行之有效、基於深層神經網路的詞性標註方法。詞性標註常用的工具有 Stanford Log-linear Part-Of-Speech Tagger、哈爾濱工業大學的 LTP 工具等。

　　詞性標註近幾年的主要進展，集中在詞性標註和句法分析聯合建模、異質資料融合及基於深度學習的標註方法上。詞性標註和句法分析緊密相關，因此聯合建模可以同時提高詞性標註和句法分析兩個任務的準確率。由於標註規範的不同，目前中文資料集屬於多元異質資料集，如何利用這類資料提升模型準確度，也得到學者的關注。另外，深度學習的發展進一步提升詞性標註的準確度，典型的方式包括雙向 LSTM 結合 CRF 等。

② 句法分析

句法分析（Syntactic Parsing）的主要任務是分析輸入的文字句子，以得到其句法結構（Syntactic Structure）。對自然語言的句法結構進行分析，一方面是自然語言理解任務本身的需求，另一方面可以為其他自然語言處理任務提供支援。例如，基於句法驅動和統計的機器翻譯，必須對來源語言、目的語言，或者同時對這兩種語言進行句法分析。分析自然語言包含的語意時，通常以句法分析的結果作為語意分析的輸入，以便從中取得更多的語意指示資訊[1]。

簡單來説，句法分析是從字串得到句法結構的過程。不同的語法形式對應到不同的句法分析演算法，片語結構和依存結構，可説是目前句法分析中研究最廣泛的兩類文法體系。由於片語結構語法（特別是上下文無關的語法）應用範圍最廣，以片語結構樹為目標的句法分析器，其研究進展最引人矚目。許多其他形式的語法對應的句法分析器，都能透過對片語結構語法的句法分析器，進行簡單改造而取得。

針對句子進行句法分析時，需要確定句子的句法結構，而分析的結果往往以樹狀結構的形式呈現，這棵表示句子結構的樹又叫作句法分析樹。句法分析樹的建立可以採用自上而下的方法，或者是自下而上的方法。

根據句法結構不同的表示形式，可將句法分析任務分為以下 3 種。

1　中國中文資訊學會《中文資訊處理發展報告（2016）》

（1）依存句法分析（Dependency Syntactic Parsing），主要任務是識別句子中詞彙之間的相互依存關係。

（2）片語結構句法分析（Phrase-structure Syntactic Parsing），也稱作成分句法分析（Constituent Syntactic Parsing），主要任務是識別句子中片語結構和片語之間的層級句法關係。

（3）深層文法句法分析，主要任務是利用深層文法，對句子進行深層的句法及語意分析，這些深層文法包括詞彙化樹鄰接文法、詞彙功能文法、組合範疇文法等。

1）句法分析之依存句法分析

依存句法分析的基本假設是：一個句子存在主體（被修飾詞）和修飾詞，句子中詞的修飾關係具有方向性，通常是一個詞支配另一個詞，這種支配與被支配的關係就是**依存文法**。詞和詞之間的依存（修飾）關係，本質上包含在句法結構中。一個依存關係連接的兩個詞分別是核心詞（head）和依存詞（dependent），圖 2-3 所示為一個基於圖的依存句法分析的範例。法國語言學家 L.Tesniere 於 1959 年在其著作《結構句法基礎》，提出依存句法分析的基本假設，該假設對語言學的發展產生深遠的影響。依存句法分析透過分析語言單位成分之間的依存關係，以揭示語言的句法結構。依存句法分析理論主張句子中核心動詞是支配其他成分的中心成分，而核心動詞本身不受其他任何成分所支配，所有受支配成分都以某種依存關係的形式從屬於其支配者。20 世紀 70 年代，Robinson 提出依存句法中關於依存關係的 4 條公理。中國學者在處理中文資訊研究的過程中，基於上述 4 條公理提出依存關係的第 5 條公理。中文依存類型主要包括 1 個核心類型、18 個補充類型和 14 個輔助類型。

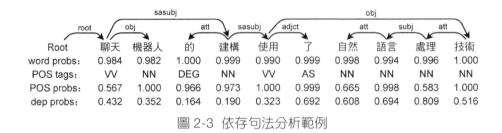

圖 2-3 依存句法分析範例

依存關係的 5 條公理如下：

（1）一個句子中只有一個成分是獨立的。

（2）其他成分直接依存於某一個成分。

（3）任何一個成分都不能依存於兩個或兩個以上的成分。

（4）如果 A 成分直接依存於 B 成分，而 C 成分在句中位於 A 和 B
　　 之間，那麼 C 直接依存於 B，或者直接依存於 A 和 B 之間的
　　 某一成分。

（5）中心成分左右兩邊的其他成分，相互之間不發生關係。

　　表 2-4 列出依存分析常用的關係。請特別注意，儘管依存關係的類
別相對固定，但同樣的依存關係，在不同文章中的標籤可能不同。表
2-4 獨立結構的標籤為「IS」，也有研究人員將其標記為「S」。

表 2-4 依存分析常用的關係

關係類型	標籤	描　述	例　子
主謂關係	SBV	subject-verb	他邀請我跳舞（他←邀請）
動賓關係	VOB	直接賓語，verb-object	媽媽給我一個吻（給→吻）
間賓關係	IOB	間接賓語，indirect-object	媽媽給我一個吻（給→我）
前置賓語	FOB	前置賓語，fronting-object	莫我肯顧（我←顧）

關係類型	標籤	描　述	例　子
兼語	DBL	double	他邀請我跳舞（邀請→我）
定中關係	ATT	attribute	紅寶石（紅←寶石）
狀中結構	ADV	adverbial	特別嚴厲（特別←嚴厲）
動補結構	CMP	complement	打掃完衛生（打掃→完）
同位語	APS	appositive	我本人非常高興（我←本人）
並列關係	COO	coordinate	天空和海洋（天空→海洋）
介賓關係	POB	preposition-object	在陽光下（在→下）
左附加關係	LAD	left adjunct	天空和海洋（和←海洋）
右附加關係	RAD	right adjunct	朋友們（朋友→們）
獨立結構	IS	independent structure	我五歲，他四歲（兩個句子在結構上彼此獨立）
核心關係	HED	head	美麗的花朵爭相開放（「花朵」是整個句子的核心）

　　目前對依存句法分析的研究，主要集中在資料驅動的依存句法分析，亦即將已有資料集分為訓練集和測試集，基於訓練集訓練得到依存句法分析器，這種方法不涉及依存語法理論的研究。資料驅動的依存句法方法，主要優勢在於只要指定較大規模的訓練資料，不需要過多的人工干預，就能得到比較好的依存句法分析器模型。因此，這類方法很容易應用到新領域，乃至新的語言環境中。資料驅動的依存句法分析方法，主要有兩種：基於圖（graph-based）和基於轉移（transition-based）的分析方法。

基於圖的分析方法，是將字串（句子）和對應的依存樹組成的資料對作為訓練資料，訓練的目標是：學習一個可以預測一句依存樹未知句子的最佳依存樹（預測句子對應的最佳圖）。建模的過程需要增加依存樹的限制條件，例如圖的邊是有向邊，在有向的路徑上一個詞只能被存取一次，每個詞只能有一個支配節點等。具體操作時，可以根據最大生成樹的概念，對所有可能的邊打上分數，然後選擇分數最高的樹。由於特徵提取（分數計算）是在每條具體的邊上進行，為了更好地考慮全域特徵，可以在特徵提取函數中考慮跨越幾條邊的子圖，然後以動態規劃和近似演算法，增加解碼 / 預測的效率。

　　由於圖中節點和邊的無序性，以及預測圖的巨大計算開銷，基於轉移的分析方法得到了應用。這種方法本質上是將圖預測轉化為序列標註問題，主要的轉移系統有 arg-eager 系統、arc-standard 系統、easy-first 系統等。這些基於轉移的系統，主要包含以下三種操作：

（1）將單字從緩衝區（buffer）移入堆疊（stack）中，或將單字從堆疊移回。

（2）從堆疊中彈出（pop）單字。

（3）建立帶有標籤（label）的有向邊（左向邊或右向邊）。

　　總結：比較基於轉移和基於圖的依存分析兩種方式，前者在短句上表現較好，這是由於其採用貪心策略，但是在長句的依存分析中容易受到早期錯誤的影響；而後者在長句依存上有較好的表現，但是缺乏豐富的結構化特徵。

2）句法分析之片語結構句法分析

　　片語結構句法分析的研究，主要是基於上下文無關文法（Context Free Grammar，CFG），其規則來源分為人工編寫規則和資料驅動的自動學習規則兩類。人工編寫規則的缺點是：規則之間的衝突會隨規則數量的增多而加劇，為繼續增加新規則帶來困難。與人工編寫規則相比，資料驅動的自動學習規則的開發週期短，且規則的健壯性強，業已成為片語結構句法分析的主流方法。為了在句法分析導入統計資訊、提高系統的強健性，通常需要將上下文無關文法擴充為隨機上下文無關文法（Probabilistic Context Free Grammar，PCFG），亦即為每條文法規則指定出現的機率值。最後利用最大似然估計（Maximum Likelihood Estimation，MLE）計算每條規則的機率，可說是取得隨機上下文無關文法最簡單與最直觀的方法。

　　上述方法的實作比較簡單，但由於上下文無關文法採取的獨立性假設過於嚴格（獨立性假設的內容為：一條文法規則的確定，僅與該規則左側句子的非終結符號有關，而與其他上下文資訊無關），導致文法中缺乏其他資訊用於規則消歧，因此所建立分析器的效能較低。針對上述問題，研究人員先後提出兩種弱化上下文無關假設的改進想法：一種是使用詞彙化（Lexicalization）的方法，在上下文無關文法規則中導入詞彙資訊；另一種則是使用符號重標記（Symbol Refinement）的方法，透過改寫（細化或泛化）非終結符號的方式，將上下文資訊導入句法分析器。

3）句法分析之深層文法句法分析

　　與前兩種句法分析方法不同，深層文法句法分析相關的研究相對較少。詞彙化樹鄰接文法（Lexicalized Tree Adjoining Grammar，LTAG）、詞彙功能文法（Lexical Functional Grammar，LFG）和組合範疇文法（Combinatory Categorial Grammar，CCG）等，是深層文法句法分析較成熟的 3 種方法。

　　本質上，依存句法分析是淺層句法分析，實作過程相對簡單，可以提供的資訊也相對較少，比較適合應用於多語言環境。深層文法句法分析採用相對複雜的文法，其內的句法和語意資訊較為豐富；複雜的文法提高分析器執行的複雜度，也為深層句法文法分析處理大規模資料帶來難度。

　　除了上述 3 種句法分析方法，深度學習在句法分析的應用逐漸成為研究重點，研究工作主要集中在特徵表示方面。基於傳統方法的特徵表示，通常採用人工定義基礎特徵和特徵組合的方法；而基於深度學習的句法分析方法，透過將句子的基礎特徵向量化，以多層神經網路提取特徵來表示句子。也就是説，基於深度學習的句法分析方法，首先將句子的詞、詞性、類別標籤等基礎特徵表示為向量，然後利用多層網路進行特徵提取，過程如圖 2-4 所示。

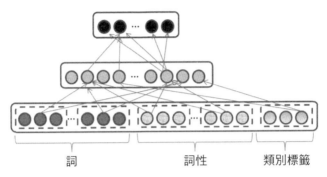

詞　　　　　　詞性　　　類別標籤

圖 2-4　基於深度學習的特徵提取

深度學習在特徵表示方面有如下優點：

（1）只需要句子的基礎特徵。在傳統的實作方法中，透過人工組合形成一元、二元、三元、四元甚至更多元的特徵。這種方式理論上可以得到較好的效果，但由於形成最佳特徵集合的組合方式未知，導致人工組合方法在應用時難以取得預期的效果。深度學習方法將句子的所有基礎特徵向量化，然後採用向量乘法等非線性運算組合這些向量化特徵，理論上能夠達到任意元的特徵組合。

（2）能使用更多的基礎特徵。例如在基於圖的模型建立弧時，深度學習的方法不僅可以使用左邊第一個詞、右邊第一個詞等基礎特徵，還能使用左邊整個詞序列、右邊整個詞序列等更多的特徵。研究人員把基於深度學習的特徵表示方法，分別應用至基於圖的句法分析模型和基於轉移的句法分析模型中，結果證明了深度學習方法在句法分析的優勢。

3 語意分析

語意，指的是自然語言包含的意義。在電腦科學領域，可將語意理解為資料對應的現實世界中，事物所代表概念的涵義。語意分析（Semantic Analysis）代表運用各種機器學習方法，讓機器學習與理解一段文字表示的語意內容。語意分析是一個非常廣的概念，任何針對語言的理解，都可以歸為語意分析的範疇。語意分析涉及語言學、計算語言學、人工智慧、機器學習，甚至認知語言等多個學科，可說是一個典型的多學科交叉研究課題。

語意分析的最終目的是理解句子表達的真實涵義。具體闡述如下：

（1）語意分析在機器翻譯任務中有重要應用。過去 20 多年的發展歷史中，統計機器翻譯主要經歷了基於詞、基於片語和基於句法樹的翻譯模型。將語意分析應用於統計機器翻譯，可以有效提升機器翻譯的效能。

（2）基於語意的搜尋一直是搜尋追求的目標。語意搜尋，是指搜尋引擎的工作不再拘泥於根據輸入搜尋關鍵字的字面意思，還能捕捉到輸入關鍵字背後的真正意圖，並依此進行搜尋，進而保證回傳的是最符合使用者需求的結果。

（3）語意分析是實現大數據的理解與價值發現的有效手段。語意分析與大數據在某種程度上互為基礎。一方面，如果想得到更精確的語意分析結果，便需要大數據的支援，亦即從中挖掘並形成更大、更齊全與更精確的知識庫，而知識庫對語意分析的效能有著重要的影響。另一方面，若想從大數據中找出更多、更有用的資訊，就得使用語意分析等自然語言處理技術。

對聊天機器人系統來說，透過語意分析可以得知使用者的意圖、情感，並藉由對上下文情境的語意建模，保持聊天機器人系統的個性一致。

2.1.3 自然語言表示和基於深度學習的自然語言理解

解決自然語言理解領域的問題時，通常的做法是先將自然語言表示為電腦可以理解的形式。介紹完自然語言理解的基本技術後，下文說明 3 種常用的文字特徵表示模型，這 3 種模型經常用來表示文字或自然語言。

1 詞袋模型（Bag Of Words，BOW）

詞袋模型最初應用於自然語言處理和資訊檢索（Information Retrieval，IR）領域，它是資訊檢索領域常用的文件表示方法。詞袋模型基於文字中，每個詞的出現都不依賴於其他詞是否出現的假設，在表示文件時，可忽略文字的語序、文法和句法，而將其視為由片語形成的集合。也就是說，詞袋模型認為文件中任意位置出現的任何單字，都與該文件的語意無關。例如，有如下兩份文件：

1：北京今天下雨，深圳也下。

2：北京和深圳今天都下雨。

接著基於這兩份文字檔，建構一個詞典：

Dictionary = {1." 北京 ", 2." 今天 ", 3." 下 ", 4." 雨 ", 5." 深圳 ", 6." 也 ", 7." 和 ",8." 都 "}，其中數字表示每個中文字的索引，例如北京是第 1 個單詞。

這個詞典包含 8 個不同的單詞，根據單詞的索引號，便可用 8 維向量表示上面兩份文件。向量中的數字，表示對應索引號的單詞在文件出現的次數：

1：[1, 1, 2, 1, 1, 1, 0, 0]

2：[1, 1, 1, 1 ,1, 0, 1, 1]

例如，「下」這個詞在第一句話出現兩次，因此在向量第 3 個位置的數字是 2；而「都」沒有出現，因此在向量第 8 個位置的數字是 0。

透過上例得知，藉助詞袋模型，一份文件可以轉換為一個向量，向量的每個元素，表示詞典中對應元素在文件出現的次數，這種處理方式能夠較方便地模型化來源文件。同時，建構詞袋模型文件表示向量的過程中，也可以明顯感覺到：詞袋模型並沒有表達單詞在原來句子出現的次序，這是它的缺點之一。例如，在新聞個性化推薦中，假設客戶對「美國雙子星爆炸事故」感興趣，那麼使用忽略詞彙順序和語法的詞袋模型表示這個片語時，會導致系統認為他對「美國」「爆炸」「事故」「雙子星」有興趣，進而向其推薦「美國交通爆炸事故」等內容，這個結果明顯不合理，因為客戶真正感興趣的可能是「美國襲擊爆炸事故」。簡言之，BOW 模型是否適用，需要根據實際情況而定。那些不能忽視語序、文法和句法的場合，均無法採用 BOW 的方法。

② TF-IDF

TF-IDF（Term Frequency-Inverse Document Frequency，詞頻 - 逆向檔案頻率）是一種基於統計的加權方法，常用於資訊檢索領域。它用具體詞彙在文件出現的次數和其在語料庫出現的次數，評估該詞彙對相關

文件的重要程度。TF-IDF 常被搜尋引擎用來評估文件與查詢之間的相關程度。對於指定的文件，TF（Term Frequency，詞頻）指某詞語在該文件出現的次數，IDF（Inverse Document Frequency，逆向檔案頻率）是詞語普遍重要性的度量。詞彙在指定文件內的高 TF，加上高 IDF，將使該詞彙在文件內享有較高權重的 TF-IDF。TF-IDF 傾向於過濾常見詞彙、保留重要詞彙的做法，是由其主要概念決定。TF-IDF 的核心概念是：在一篇文件中出現頻率高，但在其他文件很少出現的詞彙，有較好的類別區分能力，適用於文檔分類。

實際上，同一類文件頻繁出現的詞彙，往往具備代表該類文件特徵的作用，這類詞彙應享有較高的權重，並作為該類文件的特徵詞。然而，這也是 IDF 的不足之處。

3 詞嵌入

以詞嵌入（Word Embedding）表示單詞，是將深度學習導入自然語言處理的核心技術之一。詞嵌入來自一個非常樸素的概念：欲在自然語言理解領域使用機器學習技術，必須找到一種合適、將自然語言數學化的方法。研究人員最初使用獨熱表示（one hot representation）方法，亦即利用詞表大小維度的向量描述單詞，每個向量中多數元素為 0，只有該詞彙在詞表對應位置的維度為 1。假設有一個詞表 H，H 包含 N 個詞彙，詞彙「雨傘」是詞表 H 的第 2 個詞彙，詞彙「傘」是詞表 H 的第 4 個詞彙，則

詞彙「雨傘」的獨熱表示為：[0 1 0 0 0 0...]

詞彙「傘」的獨熱表示為：[0 0 0 1 0 0...]

同時，可為詞表的每個詞彙分配 ID，「雨傘」的 ID 為 2，「傘」的 ID 為 4。

獨熱表示法將所有詞彙單獨考慮，僅從它的向量表示，難以發現詞彙間同義與反義等關係。另外，由於上述詞彙的表示方式過於稀疏，具體處理時極易造成維度災難。詞嵌入法在基於獨熱表示法的同時，增加了單詞間的語意聯繫，並降低詞向量維度，以避免維度災難。

透過訓練獲得詞向量的方法很多，下文將簡單介紹藉由訓練取得詞向量的主要觀念。

一個包含 t 個詞彙 $\omega_1, \omega_2, ..., \omega_t$ 的句子，它是自然語言的機率可以表示為

$$p(\omega_1, \omega_2, ..., \omega_t)$$
$$= p(\omega_1) \times p(\omega_2 \mid \omega_1) \times p(\omega_3 \mid \omega_1, \omega_2) \times ... \times p(\omega_t \mid \omega_1, \omega_2, ..., \omega_{t-1})$$
$$\cong p(\omega_t \mid \omega_1, \omega_2, ..., \omega_{t-1})$$

上式也稱為語言模型。對於 N-gram 模型來説，

$$p(\omega_1, \omega_2, ..., \omega_t) \cong p(\omega_t \mid \omega_{t-n+1}, \omega_{t-n+2}, ..., \omega_{t-1})$$

加拿大蒙特婁大學教授 Yoshua Bengio，發表了以三層神經網路建構語言模型的研究。研究中的第一層是輸入層，輸入句子裡已知前 $n-1$ 個詞彙的詞向量，且將 $n-1$ 個詞向量拼接成 1 個向量；第二層是神經網路模型的隱藏層；第三層是輸出層，其中第 i 個節點的值，等於下一個詞為 ω_i 的機率的對數。在最佳化模型的過程中，同時對單詞的詞向量進行優化。當模型最佳化結束時，即可取得語言模型和詞向量。

　　基於深度學習的自然語言理解是較新的研究方向。取得自然語言的向量化表示後，透過端到端的方法直接產生回覆，其中最典型的框架是 Encoder-Decoder。Encoder-Decoder 框架是文字處理領域的一種研究模式，除了應用到聊天機器人領域，還可應用於機器翻譯、文字摘要、句法分析等應用場景。可將 Encoder-Decoder 框架理解為一個適合處理由句子（或篇章）X，產生句子（或篇章）Y 的通用模型。針對句子對 (X,Y)，目的是指定輸入句子 X，透過 Encoder-Decoder 框架產生目標句子 Y。X 和 Y 可以是同一種語言，或者是兩種不同的語言。當 X 和 Y 是不同的語言時，可將 Encoder-Decoder 框架視為一個自動翻譯器。構成 X 和 Y 的單詞序列，分別表示為

$$X =< x_1, x_2, ..., x_m >$$

$$Y =< y_1, y_2, ..., y_n >$$

　　編碼器 Encoder 負責編碼輸入的句子 X，再透過非線性變換，將輸入句子轉換為中間語意表示 C：

$$C = \Re(x_1, x_2, ..., x_m)$$

　　解碼器 Decoder 負責根據 Encoder 輸出的中間語意表示 C，和之前已經存在的歷史資訊 $y_1, y_2, ..., y_{i-1}$，產生 i 時刻的單詞 y_i：

$$y_i = \Im(C, y_1, y_2, ..., y_{i-1})$$

圖 2-5 描述抽象化的 Encoder-Decoder 框架。

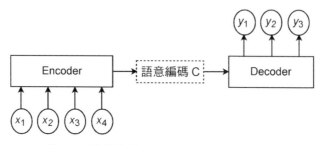

圖 2-5 抽象化的 Encoder-Decoder 框架

依序產生 y_i 的過程，看起來就是整個系統根據輸入句子 X 產生目標句子 Y 的過程。

發展詞嵌入技術的同時，語言模型的研究也取得極大進展。2018 年 10 月，Google 提出通用的語言模型 BERT[1]。BERT 模型不僅能解決 11 種不同的自然語言處理任務，而且所有任務的精準度均大幅領先其他模型，甚至在某些方面超越人類。

不管是基於檢索，還是基於生成的聊天機器人，都能在研發過程中使用上述的 Encoder-Decoder 框架技術。

對基於生成的聊天機器人來說，以上述 Encoder-Decoder 框架解決核心技術問題時，需要注意多輪對話、安全回答和個性一致等問題。這些問題也是目前基於深度學習、端到端聊天機器人的熱門研究方向。

1 多輪對話問題

基於 Encoder-Decoder 框架，聊天機器人作為一個有效的對話系統，可以根據使用者目前的輸入資訊自動產生回應回覆。但是，一般情況下，人們聊天並不是單純的一問一答，回答的內容通常要參考上下文

資訊，亦即在輸入目前問句之前，聊天機器人和使用者的對話資訊。由於此過程存在多輪的一問一答，因此一般稱為多輪對話。

利用深度學習技術解決多輪對話問題的關鍵，是將上下文聊天資訊導入 Encoder-Decoder 模型。按照前文的說明，上下文是除了目前輸入的額外資訊，有助於 Decoder 產生更好的回應回覆，因此應該被導入 Encoder 編碼器中。解決多輪對話問題的一種想法是：將上下文聊天資訊和本輪輸入的內容拼接在一起，形成一段更長的輸入給 Encoder，以便把上下文資訊融入 Encoder-Decoder 模型。對基於 RNN（Recurrent Neural Network，遞歸神經網路）模型的 Encoder 來說，上述方式使得 RNN 模型的輸入非常長。眾所周知，RNN 模型的效果，隨著輸入線型序列長度的增長而降低。所以，簡單地拼接上下文聊天資訊和本輪輸入內容的策略，無法產生理想的聊天效果。

圖 2-6 展示一個同時考慮詞語級別和句子級別的多輪對話模型 [2]。這項工作由微軟小冰團隊提出，先比對不同級別的詞語和句子，然後按照時間序列整合比對結果。

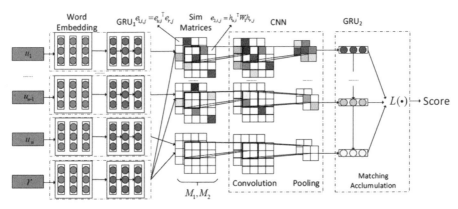

圖 2-6　同時考慮詞語級別和句子級別的多輪對話模型

考慮到 RNN 模型對過長輸入敏感的問題，許多研究者提出針對聊天機器人場景最佳化的 Encoder-Decoder 模型，核心觀念是以多層前饋神經網路代替 RNN 模型。多層前饋神經網路的輸出，代表上下文聊天資訊和目前輸入內容的中間語意表示，Decoder 則依據這個中間表示產生對話回覆。此舉既能將上下文聊天資訊和目前輸入語句，透過多層前饋神經網路編碼成 Encoder-Decoder 模型的中間語意，又避免了 RNN 模型對過長輸入敏感的問題。

解決多輪對話上下文問題的另外一種想法，稱為階層式神經網路（Hierarchical Neural Network，HNN）。HNN 方法在本質上也可視為 Encoder-Decoder 框架。它的主要特徵是其 Encoder 採用二級結構：以第一級句子 RNN（Sentence RNN）編碼句子的每個單詞，以形成中間表示（可將其理解為前述 Encoder-Decoder 模型中 Encoder 產生的中間語意表示 C）；第二級句子 RNN 則按照上下文中句子出現的先後順序序列，對第一級句子 RNN 的中間表示進行編碼。這級 RNN 模型稱作上下文 RNN（Context RNN），其尾節點處的隱層節點狀態資訊，就是所有上下文聊天資訊及目前輸入的語意編碼，作為 Decoder 層的輸入之一，產生單詞序列，如此就能在產生回應回覆時，將上下文資訊考慮進來。

例如，參考文獻 [3] 採用基於階層的 RNN，透過語料分析及推理機制和行為，產生機制學習得到狀態和動作的空間表示，並將多輪對話資訊編碼成一個稠密的空間向量，再映射到對話的上下文，用來對下一輪對話語言的片段進行解碼。模型中的編碼 RNN 對出現在多輪對話的語言片段進行編碼，上下文 RNN 對其中的時間進行編碼，解碼 RNN 則負責對下一時刻的對話回覆進行預測。根據經驗得知，相較直接將上下文

資訊和本輪對話內容串聯拼接，階層 RNN 對資訊的傳遞有損耗，因此實際專案應用該模型前，需要根據具體的要求適配模型。參考文獻[3] 的模型表示如圖 2-7 所示。

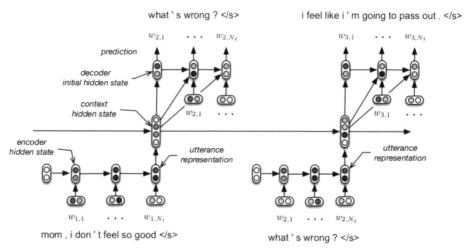

圖 2-7　參考文獻[3] 的模型表示

綜合前文，以深度學習模型解決多輪對話的上下文資訊問題時，一個典型的做法是：在 Encoder 階段將上下文聊天資訊及目前輸入同時編碼，再參考上下文資訊產生回應回覆。

2 避免安全回答

採用經典的 Encoder-Decoder 模型建構開放領域生成式聊天機器人系統，比較容易出現的另一個問題是「安全回答」。「安全回答」問題是指聊天機器人的大多數答案嚴重雷同，且不具有實際價值，無法讓人機對話繼續進行。也就是説，無論使用者輸入什麼內容，聊天機器人都用少數常見的句子回應，例如英文的「I don't know」、「Sure」、中文的

「是嗎」、「呵呵」、「嗯」等。雖然在多數情況下，聊天機器人的回答也不能說是錯誤，但使用者不會滿足於這種程度的聊天。

發生這種現象的主要原因是：Encoder-Decoder 模型訓練時，使用的聊天訓練資料確實包含很多空泛而無意義的回應，聊天機器人透過 Encoder-Decoder 模型學會了這種常見的接聽模式。如何解決「安全回答」問題，好讓機器產生多樣化且有意義的回應，可說是聊天機器人領域的一個重要研究課題。「安全回答」問題是多種因素綜合作用的結果，其中的癥結是：訓練資料的詞語在句子不同位置的機率分布，呈現出明顯的長尾特性，詞語機率分布上的模式會優先被 Decoder 學習，並在生成過程中抑制「問題」和「回覆」之間詞語關聯模式的作用。從全域的角度考慮「安全回答」問題，本質上是神經網路回覆生成模型陷入了局部最佳解，可藉由給模型增加一個干擾，使其跳出局部解。基於此觀念，研究人員將生成對抗網路（Generative Adversarial Networks，GAN）導入聊天回覆生成系統，以解決安全回答的問題。

下面介紹李紀為博士（史丹佛大學博士，畢業後創辦了香儂科技）於 2017 年發表的研究 [4]，這項研究的主要貢獻是使用對抗訓練（Adversarial Training）的想法，解決開放領域的對話生成（Open-domain Dialogue Generation）問題。其主要概念是將整體任務劃分到生成器（Generator）和判別器（Discriminator）兩個子系統上，生成器利用 seq2seq 模型以前文的句子作為輸入，再輸出對應的對話語句；判別器用來區分前文條件下產生的問答，是否與人類行為接近。

兩者結合的工作原理也很直觀，生成器不斷根據前文產生答句，判別器則不斷以生成器的輸出作為負例，原文的標準回答作為正例來強化

分類器。在訓練的過程中，生成器不斷改良答案來欺騙判別器，判別器不斷提高本身的判斷能力，直至兩者收斂、達到某種均衡為止。以這種博弈型的訓練方式最佳化無監督式開放領域的人機對話任務，顯然很有意義。不過，由於 GAN 和自然語言處理很難妥善地融合，作者採用強化學習的方法，以規避 GAN 在自然語言處理中面臨的難處。

3 個性一致問題

對具有情感陪伴、虛擬個人助理等功能的聊天機器人來說，聊天機器人往往會被使用者當作一個具有個性的虛擬人，例如他會問聊天機器人「你的生日是什麼時候」、「你的愛好是什麼」、「你的家鄉在哪裡」、「你多大」等問題。如果將聊天機器人視為一個虛擬人，那麼虛擬人的年齡、性別、愛好、習慣、語言風格等個性特徵，應該具有一致性。seq2seq 模型訓練的，都是單句資訊對單句回覆的映射關係，並沒有統一維護聊天機器人個性資訊的功能，無法保證對使用者相同語意的問題，每次都能產生完全一致的回應；因此，利用經典的 seq2seq 模型訓練出的聊天機器人，很難保持個性資訊的一致。另外，具體定義聊天機器人時，往往面對不同客戶喜歡不同的聊天風格，或者不同身分的聊天機器人的情況。

那麼，如何在 seq2seq 框架下，維護聊天機器人個性資訊的一致性呢？一種比較直觀的解決方案是：在聊天機器人系統中定義其個性化資訊，這些預定義的個性化資訊透過詞嵌入表達方式呈現。在這種情況下，聊天機器人的整體技術框架仍然採用 seq2seq，其實作概念是把聊天機器人的個性資訊匯入 Decoder。也就是說，採用基於 RNN 模型的 Decoder 產生回答時，每個 t 時刻，神經網路節點除了接受 RNN 標準的

輸入，也將預定義的個性化詞嵌入資訊作為輸入。透過這種方式，便可引導聊天機器人系統在輸出回覆時，傾向於提供符合其身分特徵的個性化資訊。

根據上述想法，還可衍生出很多種深度學習框架下，維護聊天機器人個性一致的技術框架方案。這些方案的核心概念是把聊天機器人的個性資訊在 Decoder 階段呈現出來，以達到維護個性一致的目的。如參考文獻 [5] 透過建立基於個性化的對話模型，嘗試為聊天機器人進行個性化人格建模。

2.1.4 基於知識圖譜的自然語言理解

講述基於知識圖譜的自然語言理解之前，需要先說明知識圖譜的知識表示、知識建構和知識融合。

知識圖譜是實作智慧化語意檢索的基礎和橋樑，由 Google 於 2012 年提出。無論是在聊天機器人領域或其他應用領域，知識圖譜的重要性不言而喻。一方面，知識一直以來都是人工智慧研究的中心課題，知識圖譜作為知識的載體，必然成為研究的重點和難點。另一方面，知識作為智慧系統的強力助推器，可以良好地輔助網際網路應用，支援政府「網際網路 +」策略，帶來更大的社會和經濟效益。

可將知識圖譜看作結構化的語意知識庫，目的是以符號形式描述真實世界存在的各種實體、概念及其相互關係，其基本組成單位是「實體—關係—實體」形式的三元組，以及實體及其相關屬性的「屬性—值」對（Attribute-Value Pair，AVP）。知識圖譜的每個實體或概念，可

用一個全域唯一確定的識別字來標識；每個「屬性一值」對都是對實體內在具體特性的刻畫；利用關係連接兩個實體，描述實體之間的關聯，以構成網狀的知識結構。本質上，知識圖譜可被視為一張巨大、包含節點與邊的圖，其中節點表示真實世界的實體或概念，網路的邊則代表實體間的各種語意關係。這個圖模型可用 W3C 提出的資源描述框架（Resource Description Framework，RDF）或屬性圖表示。

　　知識圖譜的建立，涉及一系列結構化和非結構化資料的處理，具體包括知識的表示、擷取、儲存、檢索等技術。知識圖譜是知識表示與推理、資料庫、資訊檢索、自然語言處理等多種技術發展與融合的產物。在實際專案應用知識圖譜時，特別是在網際網路和聊天機器人的應用場景下，必須克服傳統知識處理方法實作成本高、技術週期長、人才缺乏、基礎資料不足等限制，充分利用成熟的工業技術，從實際的業務出發，循序漸進地推進知識圖譜相關專案的實現。

　　在網際網路飛速發展的今天，知識大量存在於非結構化的文字資料、半結構化的表格和網頁，以及正式系統的結構化資料中。建構知識圖譜不僅需要結合文字、多媒體、半結構化或結構化知識、服務（或 API）、時態知識等多種形式的知識，對其進行統一的知識表示，還得在此基礎上結合結構化（如關聯式資料庫）、半結構化（HTML 或 XML）和非結構化（文字、圖形）等多源異質資料來源，以建構專業領域及開放領域的知識庫。知識圖譜的主要模組如圖 2-8 所示。

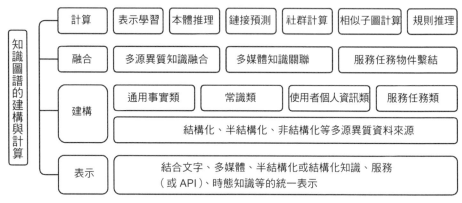

圖 2-8　知識圖譜的主要模組

建構知識圖譜時，要著重考慮通用事實類、常識類、使用者個人資訊類、服務任務類等不同類型的知識庫。顯然的，不同類型的資料和知識適用不一樣的建構技術。例如可以使用知識映射的方式處理結構化資料、以包裝器（wrapper）處理半結構化知識、使用文字挖掘和自然語言處理技術處理非結構化知識等。當處理非結構化資料時，需要在擷取本文後，透過實體識別技術取得本文中的實體。常用的實體識別方法有兩種：以實體連結將文章中可能的候選實體，連結到預設的知識庫上；當沒有預設知識庫時，要先使用命名實體識別技術辨識文章中的實體，再透過實體關係識別、事件抽取等技術取得知識。

1 知識圖譜介紹之知識表示

知識表示即知識在電腦內的儲存和處理格式。知識圖譜是圖形式的知識庫，它以關係連接頭尾實體構成有向圖。一般是以三元組表示一筆知識，頭尾實體是圖譜的節點，關係是圖譜的邊。

　　知識表示使用的資料結構，最常見的是圖（graph）和樹（tree）。知識表示的圖形式包含「有類型的邊」，其中每個邊和每個節點都擁有中繼資料。利用圖形式表示知識，豐富的知識結構主要呈現為圖上的邊，此時各種推理演算法的用途是在圖上推導出新的邊。現有圖形式資料庫的缺點主要為：在知識表示方面存在一定局限，導致實作專案時需要投入很高的成本；難以混合表示結構化資料和非結構化資料，這個問題影響圖對知識的表示能力。

　　在現實的專案中，為了克服知識擷取成本較高的問題，往往不會追求一步到位產生純結構化的資料表示，知識庫的資料往往由結構化和非結構化（主要是文字）兩種類型的資料混合而成。實際上，這類型態的混合表示，使知識庫的圖形式較為複雜，因此專案上最廣為接受的知識表示是樹結構，其中樹狀的 JSON 滿足了結構化和非結構化混合表示的需求，是目前最常用的知識表示方式。這種方式的主要缺陷是：無法良好地結合機器學習技術，阻礙知識圖譜更廣泛的應用；邏輯推理時間複雜度高，難以應用到目前實際的大數據場景中。

　　針對上述問題，學術界提出基於幾何空間的知識表示方法。在這種方法中，每一個實體都可看作幾何空間的一個點，每一個關係則是集合空間的一個平移向量，每一個元組都以平移原則作為基本幾何表示形式：頭實體可以按照關係向量移動到尾實體。根據這種方法，不僅可以設計出有效、基於統計學習的人工智慧演算法，還能提高知識庫的泛化性，以解決實際專案中出現的知識圖譜補全等問題。

2 知識圖譜介紹之知識建構

基於已融合資料建構知識庫的具體方法，乃根據已融合資料結構的不同而變化。對於已存在於傳統資料庫的結構化資料，使用簡單的映射，按照特定的結構，將其中的知識映射到知識圖譜即可。對於 HTML 等半結構化資料，可以利用包裝器結合其模式資訊，透過定義或人工智慧的方法取得擷取規則，然後將抽取後的資訊存放到特定格式的知識圖譜中。對於非結構化資料，建議以文字挖掘技術發現文字隱含的模式，例如藉由自然語言處理方法擷取文字資料的開放領域知識、使用模式識別和數位影像處理技術處理圖形資料等。

總而言之，知識的建構方法，隨著融合後資料結構和資料類型的不同而有差別。

3 知識圖譜介紹之知識融合

建構知識圖譜的過程中，從各個資料來源取得知識後，需要將其融合到一起，形成一個統一的知識庫。從多個資料來源擷取知識、進行融合的過程，就叫作**知識融合**。**本體**（ontology）是知識融合過程的重要概念。本體不僅提供統一的術語字典，還構成各個術語間的關係及限制，提供根據具體業務建立或者修改資料模型的功能。透過映射建立本體中的術語，與從不同資料來源擷取的知識所包含實體之間的對應關係，以完成不同資料來源知識的融合。不同資料來源指向現實世界同一客體的實體，可能出現描述或名稱不一致的情況，因此需要藉助實例比對和本體融合技術，將不同資料來源中描述相同實體的知識進行融合。在知識融合技術中，本體比對為概念或者實體之間的對應提供了基礎。已有的本體比對演算法大致可分為模式比對（schema matching）和實

例比對（instance matching）兩種，也有少數研究致力於結合這兩種模式。下文便圍繞模式比對和實例比對，介紹具有代表性的幾項研究。

模式比對的主要任務是：尋找本體中屬性和概念之間的對應關係[6]。大規模的本體比對一般使用錨（anchor）[7]相關的技術，將來自兩個本體的相似概念作為起點，根據這兩個相似概念的父概念、子概念等鄰居資訊，逐漸建構小型的相似片段，進而找出相符的概念。同時，利用反覆運算的觀念，將新找出的相符概念對作為新的錨，再根據新錨相關本體的鄰居資訊建置新的片段。前述反覆運算的過程不斷重複，直到找不到新的相符概念為止。採用分而治之的想法[8]處理大規模本體比對的問題，也是本體比對領域常用的方法。具體操作時，先根據本體的結構對進行劃分、取得組塊，再對不同本體的組塊進行基於錨的反覆運算比對，最後從相符的組塊中尋找對應的概念和屬性。

實例比對可以評估來自不同異質資料實例對的相似度，評估的結果用來判斷這些實例是否指向指定領域的相同實體。利用局部敏感雜湊（Locality-Sensitive Hashing）技術提高實例比對的可擴充性[9]方法，與使用向量空間模型表示實例，並基於規則採用倒排索引（inverted index）取得最初相符候選[10]的方法，都是實例比對領域的典型技術。

雖然研究人員已經公布多項可處理大規模本體的實例比對演算法，但是同時保證效率和精準度，仍是實例比對領域中具有挑戰性的目標。Shao 等人[11]於 2016 年提出一種可反覆運算框架技術，該技術充分利用特徵明顯、既有的比對方法提高本體比對的效率。同時，基於相似度傳播的方法，利用自訂的加權指數函數提升實例比對的精準度。

為了得到盡可能完善的融合知識庫，除了結合離線的多源異質知識外，還要考慮線上服務和任務類動態知識物件的繫結。這部分工作相當於根據具體的互動需要，線上動態擴充知識圖譜，並對知識圖譜產生實體的過程。

瞭解上述知識圖譜的相關知識後，接著需要思考的問題是：聊天機器人對知識圖譜有哪些特殊的需求？

1 聊天機器人需要更個性化的知識圖譜

對聊天機器人來說，除了實體知識圖譜和興趣知識圖譜等開放領域稀疏大圖，還需要針對機器人和使用者的個性化稠密小圖。機器人或 Agent 需要對應的知識圖譜來建模，並展示自我認知能力；而使用者知識圖譜則可視為更精細化和個性化的使用者輪廓知識表現。圖 2-9 對比開放領域稀疏大圖，和描述機器人屬性、使用者屬性的個性化稠密小圖的知識圖譜。

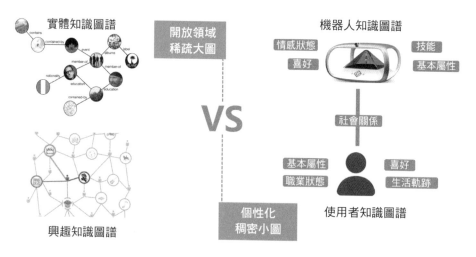

圖 2-9 開放領域稀疏大圖與個性化稠密小圖的比較

　　機器人「琥珀虛顏」，有自身的情感狀態、喜好、技能等知識維度，而使用者則需要表達其職業狀態和生活軌跡等資訊。請留意，無論是個性化小圖還是開放領域大圖，都不是獨立存在，實際應用時需要將它們融合在一起，才能發揮更大的價值。例如，機器人喜歡的明星必須和實體知識圖譜中的明星娛樂圖譜關聯；同樣的，機器人的愛好則與興趣圖譜關聯；機器人需要與使用者形成親人、好友、雇傭等社會關係。

2 **聊天機器人除了靜態知識圖譜外，還需要動態知識圖譜**

　　一個聊天機器人若想要更像人，就得從早到晚做不同的事情，也就是要有自己的生活規律，研發時該如何刻畫聊天機器人的生活軌跡呢？例如，圖 2-10 的聊天機器人本身的生活規律和使用者的即時狀態，應該如何表達？

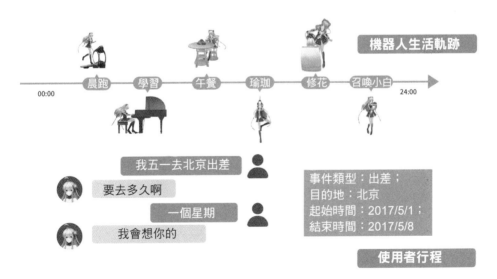

圖 2-10 聊天機器人本身的生活規律和使用者的即時狀態

顯然，要讓聊天機器人生活有規律，研發過程就得在圖譜中體現時態知識。另外，聊天機器人作為使用者的個人助理，需要記住使用者圖譜——各種已經發生、正在發生或即將發生的事件。知識圖譜的使用者行程不僅是一個關係或屬性，還是一個由多元（N-ary）資料組成的事件。為了表示使用者行程，研發過程必須定義多種事件類型，並在時間和空間兩個維度刻畫使用者的各種動態。

3 聊天機器人除了表達客觀知識的知識圖譜外，還需要刻畫主觀情感的知識圖譜

　　聊天機器人不能只是冷冰冰地回答使用者的問題，或幫助他完成特定功能，它需要感知使用者的情感，並在輸出答案回覆的同時體現出對應的情感，這樣擬人化程度才更高。圖 2-11 所示為聊天機器人在與使用者互動的過程中，根據感知到的使用者情感狀態，與其進行互動的範例。

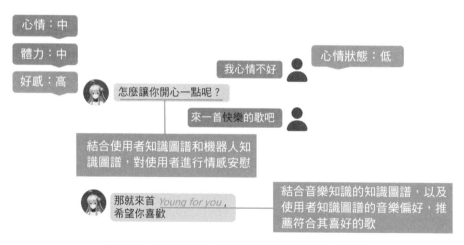

圖 2-11 聊天機器人與使用者進行互動的範例

　　已有的知識圖譜大多是客觀的，用來描述一些客觀的事實。如何使聊天機器人結合個性化圖譜，儘量形成一些主觀認知，進而刻畫機器人或使用者的情感元素呢？例如，使用者說「我心情不好」，這屬於閒聊中的情感表達範疇，機器人必須將他目前的心情狀態，更新到使用者知識圖譜對應的維度數值。同樣的，機器人也會有自己的心情、體力，甚至和客戶之間的好感度關聯。當機器人心情不錯，同時和客戶很親密時，它就會主動關心客戶。結合機器人和使用者情感因素的動態回覆，會更加溫馨且契合場景。另外，在多輪對話，當使用者說「來一首快樂的歌吧」時，需要進一步結合音樂知識的知識圖譜（快樂作為歌曲的曲風或風格標籤），以及使用者知識圖譜的音樂偏好，以推薦符合他所喜好的歌。

④ 聊天機器人為了完成使用者要求，必須對接外部服務或開放 API

　　此時，要將傳統的關聯式知識圖譜（二元關係），擴充到支援動態服務的動態圖譜（多元關係，事件屬於服務圖譜的一個特例）。同時，如何刻畫服務之間的各種關係（如因果、時序依賴等），也是圖譜擴充過程中需要考慮的因素。例如，完成訂餐後，還有很多後續（follow-up）服務（訂花或預約車輛等）可供消費。建立這些服務之間的關聯，對進行精準多輪對話過程的場景切換非常有必要，圖 2-12 所示為一個案例。

圖 2-12 聊天機器人需要對接外部服務或開放 API

5 聊天機器人除了純文字的知識圖譜外，還需要包含多媒體知識的知識圖譜

人類不僅把文字作為接觸世界的手段，還會結合圖形、語音和文字等多模態來瞭解外部世界。因此，研發聊天機器人所建置的知識圖譜，也應該從單純文字自然擴充到多媒體知識圖譜。史丹佛大學李飛飛教授創辦的 ImageNet 和 Visual Genome，正是在這方面努力進行的典範。對於使用者圖譜這類更新頻度非常高且很稠密的知識圖譜，多媒體知識的導入能輔助聊天機器人從更多的維度瞭解客戶，並提供諸如 Visual QA 等潛在的問答服務。

例如，小明正在和聊天機器人進行互動，聊天機器人透過搭載的攝影機識別出目前的客戶是小明，然後根據其圖形與使用者 ID 的關聯，進一步得到與小明相關、保存的長短時記憶，瞭解他將在 4 月 20 日～23 日去南京出差，而 4 月 24 日要和小蘭共進晚餐。此時，透過使用者知識圖譜的社交關係，得知小蘭是小明的女友。當聊天機器人需要進一

步瞭解小蘭的長相,或者當小蘭出現在聊天機器人面前時,它必須認出小蘭,這時就得使用包含多媒體知識的知識圖譜。圖 2-13 是對上述情境的視覺化說明。

圖 2-13　聊天機器人需要包含多媒體知識的知識圖譜

　　總而言之,聊天機器人需要基於多源、異質的資料,建構包含多類別且呈現動態和個性化的知識圖譜。其中包括來自網際網路的資料刻畫世界知識、基於使用者資料刻畫使用者畫像知識、針對機器人的各種基本屬性、社會關係、情感狀態、興趣愛好、日常生活等靜態和動態知識得到的融合圖譜,它是時空座標中,針對特定互動場景和時間節點的一個鏡像,圖 2-14 所示為一個案例。

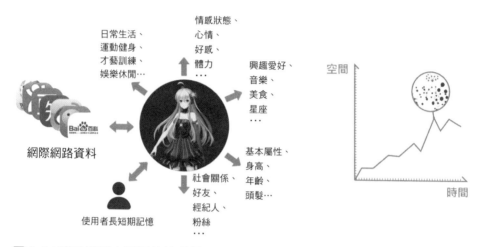

圖 2-14 聊天機器人需要基於多源、異質的資料，建構包含多類別且呈現動態和
個性化的知識圖譜

　　根據聊天機器人所屬領域的自然語言理解的具體技術需求，建立知
識圖譜後，使用分詞、實體識別與消歧等技術，將使用者輸入的自然語
言，其中包含的實體與知識圖譜的實體進行連結，使機器人能夠理解輸
入的自然語言中包含的意圖，進而從知識圖譜擷取合適的內容回覆使用
者的輸入。

▶ 2.2 自然語言生成

2.2.1 自然語言生成綜述

自然語言生成作為人工智慧和計算語言學的分支，對應的語言生成系統可視為基於語言資訊處理的電腦模型，該模型從抽象的概念層級開始，透過選擇與執行一定的語法和語意規則，產生自然語言文字。自然語言生成系統的主要架構分為流線型（pipeline）和一體化型（integrated）兩種，流線型系統由幾個不同的模組組成，每個模組之間的互動僅限於輸入輸出，各模組之間不透明、相互獨立；而一體化型系統的模組之間相互作用，當一個模組內部無法做出決策時，後續模組便可參與該模組的決策。一體化型的自然語言生成系統更符合人腦的思維過程，但是實作較困難，現實中較常使用的是流線型的自然語言生成系統。這類系統包括文字規劃、句子規劃、句法實現 3 個模組。文字規劃決定説什麼，句法實現決定怎麼説，句子規劃則負責讓句子更加連貫，具體架構如圖 2-15 所示。

自然語言生成和自然語言理解都是自然語言處理的分支，表面上來看自然語言生成是自然語言理解的逆過程，但是二者的著重點不同。實際上，自然語言理解是使待分析文字的結構和語意逐步清晰的過程；而自然語言生成的研究重點，是確定為了滿足使用者需求，哪些內容必須產生、哪些內容是冗餘的。儘管研究的重點不同，但自然語言生成與自然語言理解有諸多共同點：其一，二者都需要利用詞典；其二，都需要利用語法規則；其三，都要解決指代、省略等語用問題。

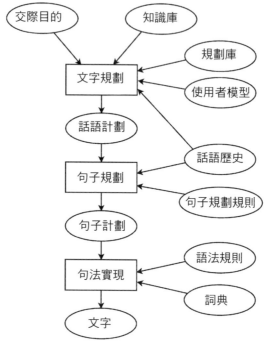

圖 2-15 流線型的自然語言生成系統架構圖

　　雖然自然語言生成是聊天機器人系統一個重要的模組，但目前對自然語言生成的研究進展，遠遠不如自然語言理解。目前，多數聊天機器人系統使用的對話生成技術，主要包括檢索式和生成式兩種。

1 檢索式對話生成技術

　　檢索式對話生成的代表性技術，是透過排序技術和深度比對技術，在已有的對話語料庫找到適合目前輸入的最佳回覆。這種方法的局限性，呈現在僅能以固定的語言模式回覆使用者的輸入，無法達到詞語的多樣性組合，因此不能滿足回覆的多樣性要求。

2 生成式對話生成技術

生成式對話生成的代表性技術，是從已有的「人一人」對話中學習語言的組合模式，類似在機器翻譯常用的「編碼一解碼」過程中，逐字或逐詞地產生回覆，回覆的答案有可能從未出現在語料庫中，由聊天機器人自己「創造」的句子，使得機器人具備造句的能力。請注意，在使用生成式對話生成技術產生答案的過程中，機器並未像人類一樣試圖理解句子的語法和詞彙的詞性。

自然語言生成還面臨如下挑戰。

（1）涉及文法開發，需要關聯文法結構和應用特有的語意表徵，但由於自然語言存在巨量的文法結構，造成搜尋空間巨大，如何避免產生有歧義輸出，變成一個挑戰性的問題。

（2）由於語言的上下文敏感性，產生語言時如何整合包括時間、地點、位置、使用者資訊等在內的上下文資訊，也是一個難題。

（3）基於深度學習技術產生回覆的對話模型很難解釋，也很難被人類理解，只能透過更好的語料和參數調整來改善對話模型。

2.2.2 基於檢索的自然語言生成

基於檢索的自然語言生成，並不是如字面意思一樣產生自然語言，更多是在既有的對話語料庫檢索出合適的回覆。這種方法只能以固定的語言模式回覆使用者的輸入，其表現依賴於已有對話庫。當對話庫不能涵蓋可能的對話場景時，使用者體驗會受到影響。

雖然基於檢索的生成方式，存在依賴於對話庫、回覆不夠靈活等缺陷，但由於其實作相對簡單、容易部署，因此得到大量的應用。例如，銀行線上客服系統問答場景，若使用基於檢索的自然語言生成系統，將根據使用者的輸入，在已有問答庫檢索相關的回覆，當找不到合適的回覆時，這類系統一般會將使用者的問題轉發至人工線上客服。

2.2.3 基於範本的自然語言生成

基於範本的自然語言生成技術，使用的範本往往由語言學家參與整理，在定義這些範本的結構時，應當力求讓他們容易瞭解和書寫這些範本。但是，一般的範本系統大多從實作的角度進行描述，造成範本描述語言對於使用者（語言學家）而言不夠自然的問題，導致影響該類系統的可維護性和可擴充性。

所以，應用於自然語言生成的範本描述語言，首先得符合人類的思維習慣，使得範本易於書寫。其次，這類範本描述語言應當有較強的描述能力，能夠表達盡可能多的語言現象。另外，實際應用時需要容易擴充範本描述語言，以便在其中加入新的成分，使其能夠描述現有語言無法描述的新的語言現象，保證範本描述語言的強健性。

自然語言生成範本由句子（sentence）範本和詞彙（word）範本組成。前者包括若干含有變數的句子，後者則是句子範本中變數對應的所有可能值。為了便於理解，圖 2-16 和圖 2-17 分別提供詢問天氣場景的句子範本，以及詞彙範本的視覺化表示。

```
Topic->weather
  Act->query
    Context:weather_state
      ->3 對不起,請 [<tell>] 您需要 [<refer>][<weather>] 的 [<what>]。
      ->2 請 [<tell>] 您需要 [<refer>] 的 [<what>|具體內容]。
      ->1 抱歉,請 [<tell>] 您需要 {<refer>}{(day)|今天|[when]}
{(location)|目前城市|<where>} 的 [<what>]。


符號説明:
  |: 或者
  []: 內部元素出現次數≥ 1
  {}: 內部元素出現次數≤ 1
  (): 對話管理模組模板中的變數
  <>: 自定義語料中的變數
  句子前的數字: 該句子的權重,權重越大代表出現的可能性越大
```

圖 2-16 詢問天氣場景的句子範本

```
<tell>->[ 告訴我 | 補充 | 説明 | 輸入 ]
<refer>->[ 查詢 | 知道 | 取得 | 收到 | 瞭解 | 咨詢 ]
<where>->[ 哪裡 | 何處 | 什麼位置 | 什麼地方 | 什麼城市 | 哪個位置 | 哪個區域 ]
<what>->[ 天氣 | 哪方面資訊 | 什麼資訊 | 哪方面情況 | 哪方面內容 | 何種內容 ]
<when>->[ 哪天 | 什麼時間 | 哪個時辰 | 什麼時候 ]
```

圖 2-17 詢問天氣場景的詞彙範本

　　在實際專案中,基於範本的自然語言生成技術,更適用於任務驅動
的對話系統。這是由於在任務驅動的對話系統中:

（1）對話管理模組會根據目前的對話狀態、使用者輸入等資訊，產生下一步動作相關的資訊。也就是説，它會確定自然語言產生模組應該選擇的句子範本和可選的詞彙範本。

（2）任務驅動的對話系統，其內的自然語言理解模組需要利用詞彙範本、句子範本、有限狀態自動機等，進行槽位填充（slot filling）的相關工作。

學習第 4 章之後，應該會對上述兩點有更深刻的認知。

2.2.4 基於深度學習的自然語言生成

2016 年，微軟亞洲研究院劉鐵岩團隊[12]發表對偶學習相關的研究，並將其應用至機器翻譯領域，成果可延伸到自然語言處理領域（由於自然語言理解和自然語言生成兩項任務，在本質上是對偶的，所以可考慮使用對偶學習，提升自然語言理解和自然語言生成的效果）。

另外，根據前文針對基於深度學習的自然語言理解的介紹，端到端框架的 Decoder 部分，可以理解為自然語言生成的技術環節。對於事先沒有完備問答庫和對話語料庫的情況，以端到端的生成技術產生對話，是這幾年的一個發展方向。由前文得知，端到端演算法的概念，是使用 Encoder 把離散的數字變成向量化低維空間的語意表示，根據目前輸出決定回覆的第一個詞，然後輸出第二個詞。

除了利用對偶學習和端到端方法進行自然語言生成，還有另外一種研究重點是基於深度學習的自然語言生成技術。

GAN 在電腦視覺，尤其是圖形生成方面取得令人印象深刻的結果。請注意，從雜訊中對抗生成自然語言的研究進展，與在圖形生成方面的研究進展並不相稱。自然語言領域的相關研究，仍遠遠落後基於似然估計的方法（likelihood based method）。2017 年，包括 *Deep Learning* 一書作者、CIFAR Fellow Aaron Courville（亞倫‧庫爾維爾）在內的加拿大研究人員，在 arXiv 公布了一項研究 [13]，為訓練 GAN 得到可以產生自然語言的模型，提供了一種直接而有效的方法。

此方法的簡單之處，在於透過對判別器提供來自生成器的機率分布序列，以及對應於真實資料分布的向量序列（a sequence of 1-hot vectors），強制判別器對連續值進行運算。該方法導入簡單、不依賴於梯度估計函數（Gradient Estimator）的基準，解決離散輸出的空間問題。由實驗證明，這種處理方法在一個中國詩詞資料集上，取得截至目前已知最好的效果。作者還在論文中揭露從無上下文、和機率上下文無關文法產生句子的定量結果，以及語言建模的定性結果。該研究的創新之處，是透過測量模型樣本評估真實資料分布下的似然對結果，有別於語言模型一般是藉由測量模型下，樣本與真實資料分布的似然進行評估的既有想法（由於不可能以 GAN 測量模型本身的似然，因此無法使用似然估計的方法）。

▶ 2.3 對話管理

　　理解對話管理模組的作用時，可先將對話管理模組比喻成聊天機器人的大腦，此模組的主要任務，包括維護更新對話狀態和動作選擇。**對話狀態**是一種機器能夠處理聊天資料的表徵。對話狀態包含所有可能會影響機器下一步決策的資訊，如自然語言理解模組的輸出、使用者的特徵等。**動作選擇**是指基於目前的對話狀態，選擇接下來合適的動作，例如向使用者詢問需補充的資訊、執行他要求的動作等。舉一個具體的例子，當使用者説「幫我給媽媽預訂一束花」，此時對話狀態包括自然語言理解模組的輸出、使用者的位置、歷史行為等特徵。在此狀態下，系統接下來的動作可能是：

（1）向客戶詢問可接受的價格，如「請問預期價位是多少」。

（2）向客戶確認可接受的價格，如「像上次一樣買價值兩百元的花可以嗎」。

（3）直接為客戶預訂，「好的，為您預訂了價值兩百元的康乃馨和紅玫瑰送給您的母親。」對話系統輸出更新後的對話狀態，以及一或多個經選擇的狀態。

　　對話管理模組負責協調聊天機器人的各個模組，達到維護人機對話的結構和狀態的作用。此模組涉及的關鍵技術包括對話行為識別、對話狀態識別、對話策略學習及對話獎勵等。

1 對話行為識別

　　對話行為是指預先定義或者動態產生、使用者對話意圖的抽象表示形式。對話行為分為封閉式和開放式兩種，前者是指將對話意圖映射到

預先定義好的對話行為類別體系，通常應用於特定領域或特定任務的對話系統，如設定鬧鐘、票務預訂、酒店預訂等。例如，「幫我給媽媽預訂一束花」，可以標記為 Reservation（Flower_Mom）的對話行為。開放式對話行為沒有預先定義好的對話行為類別體系，它基於對話行為動態產生對話意圖，常用於開放領域對話系統，如閒聊系統。例如，「今天真開心啊」，這句話對應的對話行為可以透過隱式的主題、N 元組、相似句子簇、連續向量等形式表達。

2 對話狀態識別

對話狀態與對話的上下文（對話的時序）及對話行為相關，在某時刻的對話行為序列，即為該時刻對應的對話狀態。因此，對話狀態的轉移由前一時刻的對話狀態，與該時刻的對話行為（使用者輸入）共同決定。

3 對話策略學習

對話策略學習採取的方法，是讓機器從「人—人」的真實對話資料中學習對話的行為、狀態資訊等，進而以學習的結果指導機器在「人—機」對話過程中進行策略的選擇。一般來說，對話策略學習透過離線的方式進行，亦即先讓機器進行對話策略學習，然後在對話過程中直接使用對話策略學習的結果。

4 對話獎勵

可將對話獎勵看作一種評價對話系統效果的機制，對話獎勵通常將槽位填充效率、回覆流行度等參數納入考量。基於強化學習的長期獎勵機制 [5] 在 2016 年提出，並且得到重視。

常見的對話管理方法主要有 4 種。

第 1 種是基於有限狀態自動機（Finite State Machine，FSM）的對話管理方法。這種方法需要人工明確地定義對話系統可能出現的所有狀態，當對話管理模組接收新的輸入時，對話狀態都會根據輸入在預定的狀態間進行跳轉。當對話狀態跳轉到下個狀態後，對話系統便執行該狀態對應的動作。基於有限狀態機的對話管理，其優點是簡單易用，缺點是狀態的定義及每個狀態對應的動作都要靠人工設計，因此難以應用於複雜場景。

第 2 種是基於統計的對話管理方法。簡單來説，它將對話過程表示成一個部分可見的馬可夫決策過程（對話管理模組的輸入存在不確定性，因此決策過程為部分可見）。例如，自然語言理解模組輸出的結果可能出錯，所以對話狀態不再是馬可夫鏈中特定的狀態，而是一個針對所有狀態的機率分布。假設系統在每個特定狀態（state）下，執行某一特定動作（action）後都會得到對應的回報（reward）。在整個決策過程中，系統在每個對話狀態下選擇下一步動作的策略，即選擇期望回報最大的動作。這種方法的優點是：只需定義馬可夫決策過程的狀態和動作，機器可以透過學習得到不同狀態間的轉移關係，且能夠使用強化學習的方法，線上學習最佳的動作選擇策略。相對的，此方法仍然需要人工定義對話系統的狀態，因此在不同領域的通用性不強。

第 3 種是基於神經網路的對話管理方法。本方法直接使用神經網路學習動作選擇的策略，即將自然語言理解的輸出，以及一些其他特徵都作為神經網路的輸入，而把選擇的動作作為神經網路的輸出。如此一來，對話狀態便可由神經網路的隱向量表達，於是不再需要人工明確地

定義對話狀態。在實際應用中，基於神經網路的方法要求大量的訓練資料，但其真實效果並未獲得大規模的應用驗證。

第 4 種是基於框架的對話管理方法。這裡的框架是指「槽一值」對，框架根據使用者輸入進行槽位填充，且可透過規則明確規定在特定槽狀態下，使用者動作對應的系統動作。這種方法難以擴充至其他領域，且無法處理不確定的對話狀態，因此經常應用於特定領域的對話系統。

對話管理面臨下列 3 個挑戰。

（1）手工編寫的對話策略，難以涵蓋所有的對話場景。

（2）基於統計的方法和基於神經網路的方法，需要大量對話資料。

（3）要求大量的領域知識、對話知識和世界知識（world knowledge），以便產生有意義的回覆語意表徵。

為了解決上述問題，很多新的方法被提出：One-shot Learning 和 Zero-shot Learning 旨在利用少量樣本進行訓練，或者在無任何樣本的情況下進行資訊補全，以解決對話系統的「冷開機」問題。基於深度的強化學習，在對話管理領域主要應用於輔助系統在實際互動時，透過最大化回報函數（reward function）學習特定狀態下應採取哪種回覆，進而不斷增強對話模型的優勢策略，削弱負面策略的影響。如此一來，使用者會覺得系統越來越人性化、個性化。SeqGAN 採用對抗網路實作離散序列資料的生成模型，解決 GAN 難以應用於自然語言處理領域的問題，並且可用來選擇最佳的獎勵函數與參數。

▶ 2.4 參考文獻

1. Jacob Devlin, Ming-Wei Chang, Kenton Lee, et al. BERT: Pre-training of Deep Bidirectional Transformers for Language Understanding, 2018.

2. Yu Wu, Wei Wu, Chen Xing, et al. Sequential Matching Network: A New Architecture for Multi-turn Response Selection in Retrieval-based Chatbots. ACL 2017.

3. I. V. Serban, A. Sordoni, Y. Bengio, et al. Building End-To-End Dialogue Systems Using Generative Hierarchical Neural Network Models. pp. 3776-3784.

4. J. Li, W. Monroe, T. Shi, et al. Adversarial Learning for Neural Dialogue Generation, 2017.

5. J. Li, M. Galley, C. Brockett, et al. A Persona-Based Neural Conversation Model, 2016.

6. P. Shvaiko, J. Euzenat, Ontology Matching: State of the Art and Future Challenges. IEEE Transactions on Knowledge and Data Engineering 25.1(2013): 158-176.

7. M. H. Seddiqui, M. Aono, An Efficient and Scalable Algorithm for Segmented Alignment of Ontologies of Arbitrary Size, Web Semantics: Science, Services and Agents on the World Wide Web, vol. 7, no. 4, pp. 344-356, 2009.

8. W. Hu, Y. Qu, G. Cheng, Matching Large Ontologies: A Divide-and-Conquer Approach, Data & Knowledge Engineering, vol. 67, no. 1, pp. 140-160, 2008.

9. S. Duan, A. Fokoue, O. Hassanzadeh, et al. Instance-Based Matching of Large Ontologies Using Locality-sensitive Hashing. pp. 49-64.

10. J. Li, Z. Wang, X. Zhang, et al. Large Scale Instance Matching via Multiple Indexes and Candidate Selection, Knowledge-Based Systems, vol. 50, pp. 112-120, 2013.

11. C. Shao, L.-M. Hu, J.-Z. Li, et al. RiMOM-IM: A Novel Iterative Framework for Instance Matching, Journal of Computer Science and Technology, vol. 31, no. 1, pp. 185-197, 2016.

12. Xia Y, He D, Qin T, et al. Dual Learning for Machine Translation. 2016.

13. Rajeswar S, Subramanian S, Dutil F, et al. Adversarial Generation of Natural Language. 2017:241-251.

問答系統

▶ 3.1 問答系統概述

　　問答系統是資訊檢索系統的一種進階形式，它透過 Web 搜尋或連結知識庫等方式，檢索使用者問題的答案，並以準確、簡潔的自然語言回答問題。第 2 章簡要闡述問答系統、對話系統和閒聊系統的區別與關聯。問答系統更接近資訊檢索的語意搜尋，針對使用者用自然語言提出的問題，透過一系列的方法產生答案。但與資訊檢索系統的不同在於，問答系統根據使用者的問題直接提供精準的答案，而不是一系列包含候選答案的頁面。系統產生答案的過程，雖然也涉及簡單的上下文處理，但通常是藉由**指代消解**和**內容補全**完成處理。問答系統主要針對特定領域的知識一問一答，偏重於知識結構的建置、知識的融合與知識的推理。

　　問答系統在任務上，與很多相關領域的任務有共同點。例如，問答系統與資訊檢索均需要根據使用者提出的問題，在 Web 搜尋答案；問答系統與資料庫查詢（Database Query），均得在資料庫或知識庫查詢答案。但問答系統與資訊檢索、資料庫查詢又有區別，下面是三者各自的特點及適用的場景。

三者特點的比較如下。

1 資訊檢索

（1）以關鍵字作為輸入，文件或結構化的資料作為輸出。

（2）使用者需要讓搜尋引擎「明白」搜尋意圖。

（3）若想取得令人滿意的資訊，可能要依賴多種檢索操作。

（4）資訊檢索是一種回覆驅動的資訊存取過程（Answer-driven Information Access）。

2 資料庫查詢

（1）以結構化的查詢語句作為輸入，資料記錄（data record）或資料聚合（aggregation）等為輸出。

（2）使用者需要預先理解資料庫的模式，以及資料庫查詢語言的語法。

（3）令人滿意的查詢結果，可能依賴於多次查詢操作。

3 問答系統

（1）以自然語言問題為輸入，準確的答案為輸出。

（2）讓機器承擔更多資料解釋的工作。

（3）問答系統是一種問題驅動的資訊存取過程（Query-driven Information Access）。

三者適用場景的比較如下。

1 資訊檢索

適用於簡單資訊的取得，問題可以用簡單的關鍵字概括，並且網路上有大量相關的文件可供參考。

2 資料庫查詢

適用於問題規模小而集中，僅存在少量語意異質資訊的場景，這類場景對精確率和召回率的要求較高。

3 問答系統

適用於特殊而複雜的資訊需求，可從多樣化、非結構化的資訊取得問題的答案，並且需要對問題進行更多自動化的語意理解。

現有的問答系統，根據答案的資料來源和回答方式的不同，大體上可以分為以下 3 類。

1 基於 Web 資訊檢索的問答系統（Web Question Answering，WebQA）

WebQA 系統以搜尋引擎為主軸，理解分析使用者的問題意圖後，利用搜尋引擎在全網範圍找尋相關答案並回饋。典型的系統有早期的 Ask Jeeves 和 AnswerBus 問答系統。

2 基於知識庫的問答系統（Knowledge Based Question Answering，KBQA）

KBQA 系統透過結合一些既有的知識庫或資料庫資源（例如 Freebase、DBpedia、Yago、Zhishi.me 等），加上利用如維基百科、百度百科等非結構化文字資訊，以資訊擷取的方法提取有價值的資

訊，並建構知識圖譜作為問答系統的後台支撐，再結合知識推理等方法，為使用者提供更深層級語意理解的答案。

③ 社群問答系統（Community Question Answering，CQA）

CQA 系統也叫基於社群媒體的問答系統，例如 Yahoo 奇摩知識＋、百度知道、知乎等問答平台。大多數問題的答案由網友提供，問答系統會檢索社群媒體中與提問語意相似的問題，並回傳答案。

上述 3 類問答系統中，當下應用最廣泛的是 KBQA，該類系統不僅需要達成複雜問題的語意理解，還要在若干知識庫之間進行知識融合，並針對複雜的問題進行知識推理。3.2 節將詳細介紹 KBQA 用到的相關技術，3.3 節則說明如何實作一個簡單的問答系統。除了這 3 類主流問答系統，還存在其他形式，例如混合式問答系統（Hybrid QA）、多語言問答系統（Multilingual QA）、基於常見問題庫的問答系統（Frequently Asked Question，FAQ）。

目前，國際上已經出現一些商業應用的問答系統，如 Facebook 的 GraphSearch 可以根據使用者的自然語言需求，找到與問題相符的資訊並回傳。IBM 的 Watson 系統，則是一個針對特定領域專業知識進行問答的系統，基於自然語言處理和機器學習演算法，Watson 系統能夠模擬人類思考和決策問題的過程，進行理解、推理、學習和互動，並且廣泛應用於醫療、金融等行業，輔助專家提供更好的解決方案。蘋果的 Siri 是實作個人助理功能的問答系統中，最具代表性的產品之一，它可以透過問答的形式為客戶提供打電話、訂餐、訂票、播放音樂等諸多服務。近年來，還有很多公司推出類似個人助理的問答系統產品，例如微軟 Cortana、Viv、Discover、出門問問等。

現今，一些基於搜尋引擎的問答系統也結合知識圖譜的知識，使用語意檢索的方式從多種來源收集資訊，再根據使用者的問題進行一定的推理，並將適合的答案回傳以提高搜尋品質，例如 Google 知識圖譜和百度知識圖譜等。

為了評估問答系統的效能，許多評測任務和評測資料集，均得到大眾廣泛的重視和使用。根據問答系統適用的語言，各國組織了諸多具有影響力的評測會議，例如，針對英文問答的 TREC QA Track[1]、日語問答的 NICIR[2]、多語言問答的 CLFF[3] 及中文問答的 EPCQA。其中，較為廣泛採用的評測資料集有 Free917[4]、WebQuestions[4]、QALD、Simple Questions 等。QALD 的全稱是 Question Answering over Linked Data，此為多語言連結資料問答（Multilingual Question Answering over Linked Data，MQALD）系統的評測競賽活動，其資料來源包括 DBpedia、Yago 和 MusicBrainz。

QALD 旨在建立一個統一的評測基準，主要任務分為 3 類：基於 DBpedia[5] 的多語種問答、基於連結資料的問答，以及基於 RDF 的結構化知識和自由文字資料的 Hybrid QA。WebQuestions 資料集使用 Freebase[6]，透過 Google Suggest API 爬取資料、得到候選問題，經篩選最終得到 5810 個問題。接著以 Amazon Mechanical Turk 眾包服務取得

1　https://trec.nist.gov

2　http://research.nii.ac.jp/ntcir/workshop/index.html

3　http://nlp.uned.es/clef-qa/

4　https://nlp.stanford.edu/software/sempre/

5　https://wiki.dbpedia.org

6　https://developers.google.com/freebase/

答案（一個問題可能存在多個答案），並利用 Average F1 評價。Free917 資料集同樣採用 Freebase，共有 917 個問題，包含 641 個訓練樣例和 276 個測試樣例。

3.2 KBQA 系統

3.2.1 KBQA 系統簡介

KBQA 系統是目前應用最廣泛的問答系統之一，適用於人們生活的各種面向，例如在醫療、銀行、保險、零售等行業建立相關專業知識的問答系統（智慧客服系統），便可為使用者提供更好的服務。

知識庫（Knowledge Base，KB）是應用於知識管理的一種特殊資料庫，用來採集、整理及擷取相關領域的知識。知識庫的知識源自領域專家，可說是求解問題所需領域知識的集合，包括一些基本事實、規則和其他相關資訊。知識庫的表示形式是一個物件模型（object model），通常稱為本體，內含一些類別、子類別和實體。不同於傳統的資料庫，知識庫存放的知識蘊含特殊的知識呈現，其結構比資料庫更複雜，目的是存放更多複雜語意表示的資料。知識庫最早應用於專家系統，它是一種基於知識的系統，包含表示客觀世界事實的一系列知識及一個推理機（inference engine），並依賴一定的規則和邏輯形式，以推理出一些新的事實 [1]。

KBQA 是基於知識庫的專業知識所建立的問答系統，也是目前最主流的問答系統。常見的知識庫有 Freebase、DBpedia 等。知識庫一般採

用 RDF 格式表示其中的知識，知識的查詢主要使用 RDF 標準查詢語言 SPARQL。除此之外，還有一些（例如維基百科等）無結構化的文字知識庫。

　　雖然不同的問答系統有不一樣的體系架構，但一般來說，KBQA 系統包含問句理解、答案資訊擷取、答案排序和生成等核心模組，基本架構如圖 3-1 所示。

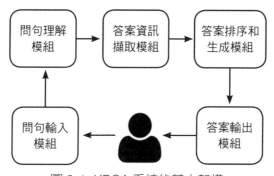

圖 3-1　KBQA 系統的基本架構

　　KBQA 系統的問句理解模組取得問題的實體後，答案資訊擷取模組透過在知識庫查詢該實體，得到以該實體節點為中心的知識庫子圖，並依據某些規則或範本從子圖中抽取對應的節點或邊，得到表徵問題和候選答案的特徵向量。最後將候選答案的特徵向量作為分類模型的輸入，透過模型輸出的分值篩選候選答案，以得出最終答案。

　　細分後的 KBQA 系統，各模組間的關係如圖 3-2 所示。其中主要模組包括問句分析（Question Analysis）、片語映射（Phrase Mapping）、消歧（Disambiguation）和查詢建構（Query Construction）。

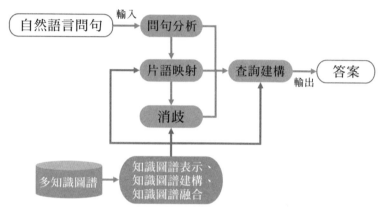

圖 3-2 細分後的 KBQA 系統，各模組之間的關係

1 問句分析模組

提到問句分析，最容易聯想到自然語言理解。KBQA 系統用到的問句分析技術，屬於自然語言處理範疇的任務，但是與自然語言理解技術的著重點不同。前者更偏重於識別問題中的資訊詞，例如問題詞（誰、什麼、何時、事件、為什麼、怎麼了、如何等）、焦點詞（名字、時間、地點）、主題詞（可能有多個）、中心動詞等詞語，也可理解為它更集中於實體識別。後者是將自然語言，轉換成電腦可以理解的形式化語言的過程，包括自動分詞（對於中文）、詞性標註、命名實體識別、指代消解、句法分析等任務，2.1 節已經介紹過後者相關的內容。這裡主要結合 KBQA 系統的需要，著重其中的問句分析。

2 片語映射模組

片語映射模組主要負責連結問題分析模組提取的資訊詞，與知識庫或知識圖譜中資源對應的標籤映射。常用的片語映射方法包括本體映

射、同義詞映射等。在此過程中，片語映射模組往往透過片語字串相似度計算、結合外部資源（如 WordNet）進行詞義相似度等語意相似度比對（Sense-based Similarity Matcher）方法，以進行相似度計算。

總體來說，相似度計算可從字串相似度和語意相似度兩個角度進行。前者通常使用編輯距離演算法、傑卡德距離演算法等，也有研究人員以 Lucene 提供的 FUZZY 模糊查找方法，找出與問句資訊詞最接近的資源標籤。關於語意相似度計算的研究很多，也衍生出許多計算語意相似度的方法，其中較為流行的有如下 3 種。

1）重定向方法

重定向方法根據本體的 same as 進行映射，或異質本體的錨聯結尋找相同的屬性或類別，進而擴充問句資訊詞和標籤的映射；利用從語料擷取的知識找到映射關係，這種知識即語料中自然語言的二元關係，並與本體知識庫進行映射。基於重定向方法的語意相似度計算工具有 ReVerb[7]、OLLIE[8]、TextRunner[2]、WOE[3]、PATTY[4] 等。

2）使用大型文件找到映射關係

透過大型文件語料庫，擴充本體中屬性（property）的文字描述。BOA（Bootstrapping Linked Data）[5] 是一個典型、從大型文件擷取 RDF 模式（pattern）的工具，它能實現屬性標籤與大規模文件語料中抽取的 RDF 模式，以建立語意映射關係。

7　http://github.com/knowitall/reverb

8　http://github.com/knowitall/ollie

3） 基於詞向量的方法

根據分散式語意表示的特點，藉由詞向量計算問句片語詞和標籤之間的相似度，並且進行映射，一般採用 Word2vec、GloVe 等工具對自然語言進行向量化。近年來，隨著神經網路研究的深入，FastText[9] 可以進行快速的詞向量訓練，ELMo[6]、BERT[7] 等模型能夠取得高品質的向量化表示，基於獲取的詞向量，便可進行語意相似度計算。

③ 消歧模組

消歧模組又可理解為候選答案排序（rank）模組。此模組主要負責解決片語映射模組出現的歧義問題，以確保問句資訊詞和知識庫實體（資源的標籤）間的無歧義映射。常用的方法有如下兩種：

1） 基於字串相似度的方法

透過計算本體資源的標籤和對應的問句資訊詞之間的相似度，以進行排序。

2） 基於屬性和參數的判斷方法

藉由判斷屬性和參數（如屬性的 domain 和 range）是否一致，去除不符合一致性的候選答案。具體實作時，可以使用圖搜尋演算法、整數線性規劃（Integer Linear Programming，ILP）、馬可夫邏輯網路（Markov Logic Network，MLN）、結構化感知器（Structure Perceptron，SP）等數學模型，或者採用人工回饋調整的方法。

9　https://github.com/facebookresearch/fastText/

4 查詢建構模組

查詢建構模組需要結合前面 3 個模組產生的結果，以得到最終的 SPARQL 查詢語句，並將結果回傳客戶。查詢模組建置 SPARQL 查詢語句的方法可分為基於範本、基於問題分析、基於機器學習等類型。基於範本建構形式化查詢，需要預先建好查詢範本，其中包含一些空槽位，再將相關資訊填入範本槽位後，形成一個完整的查詢。基於問題分析的方法還可透過語法樹分析、依存樹分析或語法槽位等方法，解析自然語言並構成查詢。同時，還有一些工作是藉助機器學習的方法，以建立問句與查詢語句之間的映射關係。

絕大多數的 KBQA 系統，都包含以上 4 個核心功能模組，雖然幾個模組的順序可能不盡相同，但不同系統中每個模組大體上完成一致的功能。

◙ 典型 KBQA 系統介紹：IBM Watson

目前，工業界已有很多成型的 KBQA 系統，其中最著名的是 IBM 於 2011 年推出的 Watson 問答系統 [10]，它因在美國最受歡迎的智力問答電視節目《危險邊緣》，一舉打敗了人類智力競賽冠軍而聲名大噪。前幾章已經概要性介紹 Watson，本節從技術的角度對 Watson 進行分析。

Watson 採用一個廣義的知識庫，其中不僅有各種結構化知識，也包含各種非結構化的文字語料和語言學知識。Watson 作為一個集理解、推理、學習、互動功能於一體的強大問答系統，學習處理資訊的過程分為 4 個階段，在一定程度上也模擬了人類的認知思考過程。

10　https://www.ibm.com/watson/

（1）觀察。觀察可見的現象和有形的證據。

（2）推斷。根據已有知識理解所見之事，然後對其中涵義做一些假設。

（3）評估。判斷某個假設的對錯。

（4）決策。做出決策，選擇最佳選項，並依此採取行動。

　　整個流程稱為 Deep QA，包含問題分解、假設產生、基於證據進行假設評估及排序等關鍵步驟。這裡的 Deep QA 並非指透過深度學習技術提供問答。

　　圖 3-3 為 Watson 問答系統的學習過程。首先，藉由分析問題的語意，找出查詢所需的依賴關係及查詢的焦點；接著，根據查詢線索產生候選答案，並列出相關性的評分；最後，歸併重複的候選答案，由候選答案評估演算法排序並選出最終的答案。

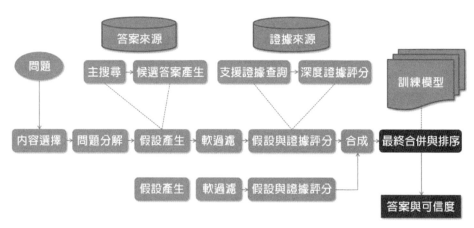

圖 3-3 Watson 問答系統的學習過程

當 Watson 在某個特定領域開始工作時，它需要學習相關的語言、術語，以及該領域的思維模式。以癌症為例，癌症有許多類型，每種都有不同的症狀和治療方案。然而除了癌症，其他疾病也可能出現這些症狀，因此 Watson 會基於醫療實踐，以及該領域內最優秀的技術文獻進行標準評估，進而識別出最佳治療方案，供醫生為患者進行治療時選擇。Watson 的訓練，必須在「掌握」某個特定領域知識語料庫的領域專家的指導下進行。

Watson 的訓練過程如圖 3-4 所示。首先，進行語料庫的「擷取」作業。語料庫包含大量優秀的技術文獻，還需加以一定的人工干涉來降噪，並對資料進行預處理，建構索引和其他中繼資料，再依此建置一個知識圖譜。

接下來，對 Watson 進行問答訓練。擷取語料庫之後，Watson 需要接受人類專家的培訓，學習如何理解資訊。為了提升 Watson 的學習品質，主要是透過機器學習的方法來訓練。專家將訓練資料以基本問答對的形式輸入 Watson，這裡指的並不是問題的明確答案，而是教會它該領域中專業知識所對應的語言模式。

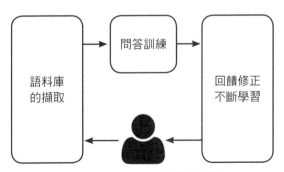

圖 3-4　Watson 的訓練過程

最後，回饋修正不斷學習。接受問答訓練以後，Watson 會透過持續互動繼續學習，客戶和 Watson 之間的互動會定期由專家進行審核，並將回饋輸入系統，以協助 Watson 更好地理解資訊。新資訊發布後，Watson 會根據新資訊自我更新，以便不斷適應特定領域中，知識和語言闡釋方面的變化。

當客戶輸入一個問題後，Watson 會經歷下述處理過程，才產生最終的答案給客戶。

首先，以自然語言理解處理問句，識別出問題的一些資訊詞；接著，Watson 會根據資訊詞從答案來源產生候選答案，亦即產生假設；然後，它會尋找支持或推翻每一個假設的論據，並根據每個論據的統計建模結果、對每個論據進行評分，也就是「加權論據得分」；最後，合併每一個假設的所有證據評分，並進行綜合排序。Watson 會根據答案回應率的高低，估計答案的可信度，再回饋給客戶。

對 KBQA 的典型產品 Watson 進行技術角度的解說後，接下來將根據問答系統的實作原理，對 KBQA 系統做分類介紹，包括各類方法的核心概念、代表性系統，以及最新的研究工作。

3.2.2 主流的 KBQA 方法

實作 KBQA 系統的方法（根據其原理），可以分為基於範本比對、基於語意分析、基於圖巡訪、基於深度學習和其他最佳化方法。

1 基於範本比對的方法

1）範本定義

結合知識庫的資料結構和問句的形式，定義問答系統中問題的範本。範本定義通常沒有統一的標準或格式，需要根據具體的任務需求加以確定。可以參考 Abujabal 等人 [8] 的定義，將範本格式設定為三元組（U_t, Q_t, M_t）的形式，其中 U_t 為問題範本，Q_t 為查詢（query）範本，M_t 為問題範本和查詢範本之間的映射。或者參考 Unger 等人 [9] 的研究，透過定義一個 SPARQL 查詢範本，直接映射至自然語言。

無論是參考定義範本的方式，還是根據具體的需求設計新範本，範本定義在基於範本比對的問答系統實作中，扮演基礎作用，對後續根據定義產生範本的效果帶來顯著影響。

2）範本生成

根據 Unger 等人 [9] 研究中對範本的定義，若想要根據該研究進行範本生成，可以利用如下問句為例：

```
Who produced the most films?
```

首先，利用詞性標註、語法分析、依存分析等方法，取得該問句的語意表示。換句話說，先將自然語言問句轉換為機器可以理解的形式，然後將問句的語意表示轉換成對應的 SPARQL 範本：

```
SELECT DISTINCT ?x WHERE {      // 要求查詢的結果唯一
    ?y rdf:type ?c .            //?y 的類型是電影類
    ?y ?p ?x .                  //?y 是電影，由 ?x 產生
}
```

```
ORDER BY DESC(COUNT(?y))          // 對 ?y 進行計數並降冪排序
OFFSET 0 LIMIT 1                  // 限制答案數≥ 0，且≤ 1，即 0~1
?c CLASS [films]
?p PROPERTY [produced]
```

有了 SPARQL 範本後，接著是產生實體，也就是比對 SPARQL 範本與某具體的自然語言問句，填充得到該範本對應的實例，才能查詢到問題的答案。下面就是 SPARQL 範本產生的一個實體：

```
?c = <http://dbpedia.org/ontology/Film>
?p = <http://dbpedia.org/ontology/producer>
```

3）範本比對

範本比對的過程，是將自然語言問句映射至知識庫的本體概念的過程。實際操作時，一個問句通常比對到多個範本，同一範本也可能有多個不同的產生實體：

```
SELECT DISTINCT ?x WHERE {
  ?x <http://dbpedia.org/ontology/producer> ?y .
  ?y rdf:type<http://dbpedia.org/ontology/Film> .
}
ORDER BY DESC(COUNT(?y)) LIMIT 1
Score: 0.76

SELECT DISTINCT ?x WHERE {
  ?x <http://dbpedia.org/ontology/producer> ?y .
  ?y rdf:type<http://dbpedia.org/ontology/FilmFestival>.
}
ORDER BY DESC(COUNT(?y)) LIMIT 1
Score: 0.60
```

針對上述問題的解決方案，一般是對每個範本或產生實體進行評分，透過排序選擇分數最高的答案作為最佳答案。常見的評分排序方法有：

- 對實體等詞彙的字串進行相似度比對
- 根據範本中槽位填充情況打上分數
- 檢查實體的屬性、類別與領域

以上便是基於範本方法的問答系統的實作過程。由於自然語言對同一問題的表述千變萬化，為了減少人工編寫範本的工作量，實作時一般會在基於範本的問答系統增加範本泛化、自動學習生成新範本等功能。常見的範本泛化方法，通常採用同義詞替換，或基於 WordNet 等外部詞典的輔助，使得更多的自然問句能夠符合系統已有的範本；也可以對現有的範本進行泛化，自動學習產生新的範本。

綜合前言，基於範本的方法，其優點在於：

- 範本查詢回應速度快
- 準確率較高，能夠回答相對複雜的複合問題

缺點主要集中在以下兩方面：

- 人工定義的範本結構，經常無法與真實的客戶問題進行比對
- 為了盡可能符合上一個問題的多種不同表述，需要建立龐大的範本庫，耗時費力且查詢的效率較低

2 基於語意分析的方法

傳統的問答系統，大多採用基於語意分析的方法理解問句，整體概

念是透過對自然語言進行語意上的分析，將其轉換成一種知識庫真正能「看懂」的語意表示。這種語意表示即邏輯形式（logic form），進而以這種形式存取知識庫的知識，進行推理（inference）和查詢，以得出最終的答案。

自然語言的邏輯形式表示方法有很多種，這裡採用 λ-DCS[10]（Dependency-Based Compositional Semantics）的表示方法來說明。邏輯形式包含知識庫的實體和實體關係（有時也稱為謂語或屬性），分為一元形式（unary）和二元形式（binary）。對於一元實體，可以查詢出對應至知識庫的實體；對於二元實體關係，可以查到知識庫中，所有與該實體關係相關的三元組所包含的實體對。此外，如同資料庫語言一樣，可對資料進行連接（join）、求交集（intersection）、聚合（如計數、求最大值）等操作。具體來說，針對自然語言的邏輯形式，可進行以下形式的表示與操作。

- 一元形式表示：如果實體 $e \in \varepsilon$，那麼實體 e 的一元邏輯表示為

$$\|z\|_{\kappa} = \{e\}$$

- 二元形式表示：如果關係 $p \in \rho$，那麼 P 的二元邏輯表示為

$$\|p\|_{\kappa} = \{(e_1, e_2) : (e_1, p, e_2) \in \kappa\}$$

- 連接操作：如果 b 是二元關係表示，u 是一元關係表示，那麼 $b.u$ 表示連接操作

$$\|b.u\|_{\kappa} = \left\{ e_1 \in \varepsilon : \exists e_2.(e_1, e_2) \in \|b\|_{\kappa} \wedge e_2 \in \|u\|_{\kappa} \right\}$$

■ 求交集操作：如果 u_1 和 u_2 都是一元關係，那麼 $u_1 \cap u_2$ 表示求交集的操作

$$\left\| u_1 \cap u_2 \right\|_K = \left\| u_1 \right\|_K \cap \left\| u_2 \right\|_K$$

■ 聚合操作：如果 u 是一元關係，那麼 $\text{count}(u)$ 表示計數的操作

$$\left\| \text{count}(u) \right\|_k = \left\{ | \left\| u \right\|_K | \right\}$$

有了上述定義之後，就可以將自然語言問句，表示為在知識庫中查詢的邏輯形式。

最早基於語意分析的方法，是使用人工編寫的邏輯形式規則。人工問句的邏輯形式，可說是這一時期語意分析方法的核心。底下的範例是兩個句子的邏輯形式規則：

```
What's California's capital?        Capital.California
How long is the Mississippi river?  RiverLength.Mississippi
...                                 ...
```

Berant J 等人[11] 研究並公布將句子變為語法樹的方法，KBQA 系統為問句建構語法樹時，乃是自下而上建構語法樹的過程，語法樹的根節點是待分析問句的邏輯形式表達。建構語法樹的整個過程，可以分為以下步驟。

（1）詞彙映射：即建構底層語法樹的葉子節點。將單個自然語言片語或單詞，映射到知識庫實體或實體關係對應的邏輯形式，一般是透過建置詞彙表（lexicon）完成詞彙映射。

（2）建構語法樹：以自下而上的方式兩兩合併語法樹的節點，最後
產生根節點，完成語法樹的建置。迄今為止，人們已提出並應
用很多種建構語法樹的方法，後續章節會介紹其中較流行的
幾種。

圖 3-5 所示為句子 "What city was Obama born?" 的語法樹。

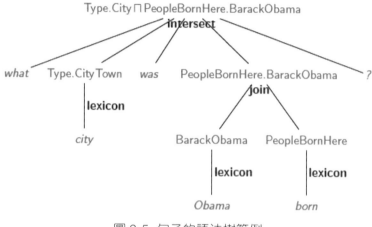

圖 3-5　句子的語法樹範例

圖 3-5 底層的葉子節點即原始問句中的詞彙，頂層的 Type.City ∩
PeopleBornHere.BarackObama 是建構好的邏輯形式。

語法樹的建構通常包含以下兩個步驟。

第 1 步：詞彙映射

詞彙源於知識庫，若想將自然語言片語或單詞節點，映射到知識
庫的實體或實體關係，需要建構詞彙表來達成。詞彙表存放的內容，
即自然語言與知識庫的實體或實體關係之間的映射，此操作也稱為校准

（alignment）。一些簡單的映射可以採用字串比對的方式進行，如圖 3-6 所示，將 "Obama was also born in Honolulu" 中的實體 Obama，映射為知識庫的實體 BarackObama。

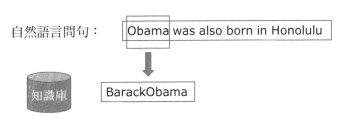

自然語言問句：

圖 3-6 採用字串比對方式進行映射的例子

如圖 3-7 所示，要將 "was also born in" 映射到對應的知識庫實體關係，如 PlaceOfBirth，較難透過字串比對的方式進行。在這種情況下，可以採用統計的方法，假設文件中有較多的實體對（entity1,entity2）作為主語和賓語，出現在 "was also born in" 的兩側，並且這些實體對也同時出現在包含 PlaceOfBirth 的三元組中，那麼就認為 "was also born in" 這個片語可以和 PlaceOfBirth 建立映射。例如 ("Barack Obama", "Honolulu")、("MichelleObama", "Chicago") 等實體對，在文件中經常作為 "was also born in" 這個片語的主語和賓語，並且它們也都和實體關係 PlaceOfBirth 組成三元組位於知識庫中，因此可以在 "was also born in" 和 PlaceOfBirth 之間建立映射。將映射方法視覺化後，如圖 3-8 所示。

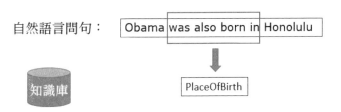

自然語言問句：

圖 3-7 較難透過字串比對方式進行映射的例子

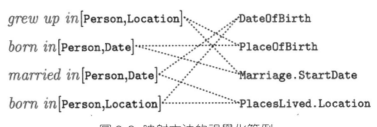

圖 3-8 映射方法的視覺化範例

在實際專案中，通常透過詞性標註、命名實體識別等方式，確定需要映射哪些片語和單詞，進而忽略停用詞進行詞彙映射。此外，還可建立啟發式規則，對問題詞（question word）進行邏輯形式的映射，例如將 "where"、"how many" 直接映射為 Type.Location 和 Count。

第 2 步：建構語法樹

自下而上兩兩合併語法樹的節點，直至產生根節點，完成整個語法樹的建置。建構語法樹的語法規則有很多，例如組合範疇語法、lambda calculus（λ-calculus）方法 [12]、「位移 - 歸約」推導（Shift-reduce Derivation）方法 [13]、同步語法（Synchronous Grammar）方法 [14]、混合樹（Hybrid Tree）方法 [15]、類 CFG 語法（CFG-like Grammar）、類 CYK 語法（CYK-like Grammar）、PCFG 語法等。

建構出的語法樹即為語意分析的結果，從建構的語法樹中提取出來的就是邏輯形式。

上述建構語法樹的傳統方法存在很多局限，例如消耗人才資源多、無法快速擴充範本等，且一般需要限定在某一特定領域。為了解決上述問題，研究人員往往採用弱監督式學習的方法，根據知識庫及問題答案對（question/answers pairs）資料集訓練分析器。對於新的問句，

透過訓練分析器對問句進行語意分析，建置其邏輯形式，進而將問題 x 映射至答案 y。問答對的資料集可從評測比賽取得，例如 QALD、WebQuestions、Free917 等，或者以人工方式從知識庫中擷取建置。另外，通常需要對取出的問答對進行泛化操作，即將原有一問一答對（q, a）中的 q 進行泛化，衍生出一些表達相同涵義 q_i 的集合 Q，$q_i \in Q$，即（Q, a）。

透過語意分析建構邏輯形式的具體演算法過程，如演算法 3-1 所示。

演算法 3-1 透過語意分析建構邏輯形式的具體演算法過程

```
輸入：

Knowledge-base K
```

問答對訓練集合 $\{(x_i, y_i)\}_1^n$

問答對範例：

```
What's California's capital?          Sacramento
How long is the Mississippi river?    3,734km
```

輸出：

透過語意分析建構邏輯形式，將問題 x 映射至答案 y。

```
What's California's capital?  ⇒ Capital.California
                              ⇒ Sacramento
```

知識庫蘊含豐富的資訊及各種關係連接，將其建置成知識圖譜，可得到一個極大資訊量的知識網路。知識圖譜的視覺化表示如圖 3-9 所示。

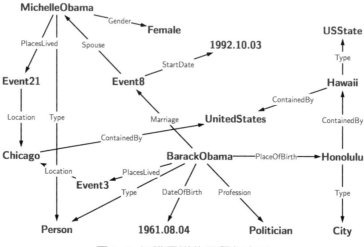

圖 3-9　知識圖譜的視覺化表示

有了圖 3-9 的知識圖譜後，問句的邏輯形式便可表示成圖譜的一條路徑。以 Type.Person ∩ PlacesLived.Location.Chicago 為例，在圖 3-10 進行此表示的視覺化範例。

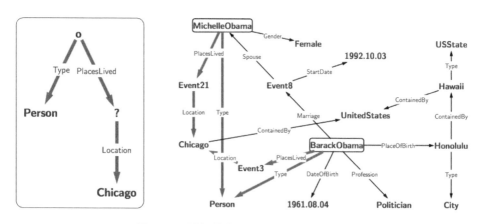

圖 3-10　問句邏輯形式的視覺化範例

整體而言，語意分析方法的優點如下：

- 根據人工建構的語法樹進行問答，準確率較高
- 對問句的解析深入，因此可以回答相對複雜的複合問題，例如時序性問題

同時，語意分析方法存在以下缺點：

- 需要人工編寫大量規則，實作速度慢、人力成本代價高
- 編寫的規則範本規模有限，難以跨領域使用

針對以上缺點，底下提供兩種最佳化傳統方法的方案。

1）Learning-Based 方法

為了解決問題，Zettlemoyer 和 Collins[16] 以建立統計模型的方式，根據人工預設的學習範本擴充詞典。Kwiatkowski[17] 提出一個進階統一的程式，將大型邏輯形式拆分成較小的子部分；他在接下來的工作 [18] 還提出基於因式分解的方法，把詞典分解成詞彙單元和詞彙範本。Wong 和 Mooney[19] 則假設不同語言的語句邏輯形式具有相同的涵義，並利用 IBM 翻譯模型學習對應的語句和邏輯形式。

2）神經網路的方法

2015 年，Yih 等人 [20] 將神經網路的方法加入語意分析過程，在傳統語意分析方法的資源映射過程中，融入卷積神經網路，以提升單純語意分析方法的效果。

3 基於圖巡訪的方法

最典型基於圖巡訪方法的問答系統，就是依據圖的問答系統。它是基於深度學習方法的前身，這種方法主要是解決語意詞彙映射和歧義兩個問題，將關係擷取轉化為圖搜尋和圖巡訪過程，明顯弱化語意分析方法中關係擷取和映射的難度。圖巡訪方法與基於深度學習方法的不同之處，在於詞彙的映射和候選答案的排序過程。

基於圖巡訪方法的問答系統，其整體框架如圖 3-11 所示。

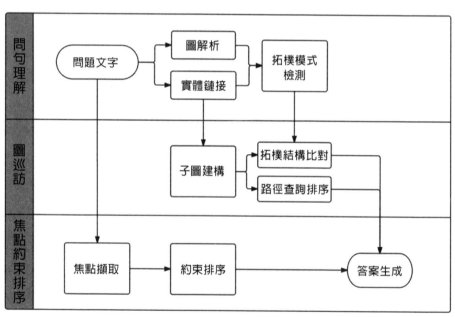

圖 3-11 基於圖巡訪方法的問答系統的整體框架

基於圖巡訪方法的問答系統，在執行的過程主要有以下 3 個模組。

1）**問句理解（Question Understanding）**

系統會擷取問題中的實體（可結合規則、範本、依存分析等方法），使用實體鏈接的方法檢測候選實體，並建立拓撲模式發現實體的內在關聯。

2）**圖巡訪（Graph Traversal）**

系統會在知識庫或知識圖譜查詢該實體，得到以該實體節點為中心的知識庫子圖（子圖中的每一個節點或邊，都可以作為候選答案），並採用聯合排序法（Jointly Ranking Method）巡訪圖，以找到一個最佳路徑。

3）**焦點約束排序（Focus Constraint Ranking）**

系統會擷取描述答案的問題核心詞，再依此產生最終答案。

典型基於圖巡訪方法的問答系統，產品有 IBM 的 Watson。

4 **基於深度學習的方法**

基於深度學習的問答系統，採用的是一種基於比對（Matching-based）的方法。傳統方法存在人工編寫範本、人工設計語意分析規則、工作量繁重等缺點，隨著深度學習方法的盛行，自動完成問句理解和知識庫映射，便成為新的研究焦點。

結合 KBQA 與深度學習方法，主要有兩種主流的方法，一種是利用深度學習的方法改進傳統方法。例如，以深度學習方法進行實體識別、關係識別、實體及實體關係映射（資源映射任務）等。如圖 3-12 所示，將圖中傳統、採用語意分析處理的部分，改用神經網路來操作，便能大幅降低人工參與的成本。

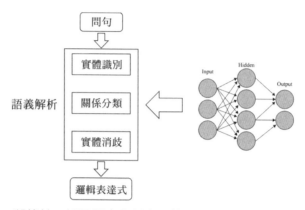

圖 3-12 將傳統、採用語意分析處理的部分，改用神經網路來操作

另一種方法是採用端到端的策略，在系統輸入問句和知識庫，由系統直接回傳輸出答案。中間的過程類似黑盒操作，深度學習應用於候選答案排序的環節。基於深度學習的端到端問答系統，其操作過程如圖 3-13 所示。

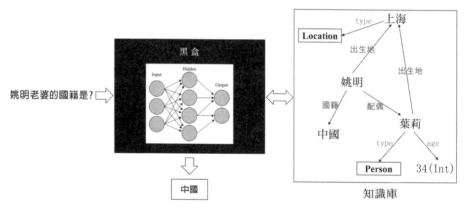

圖 3-13 基於深度學習端到端問答系統的操作過程

下面分別介紹這兩類方法，以及一些深度學習的進階方法。

1）利用深度學習改進傳統方法

Yih 等人 [20] 於 2015 年發布的研究，是一項典型利用深度學習方法，提升傳統單純語意分析方法的工作。該方法將自然語言問題表示成一個查詢圖的形式，代替傳統語法解析樹的邏輯形式。例如，問句 "Who first voiced Meg on Family Guy?" 基於 Freebase 的一個查詢圖，可以表示成圖 3-14 的形式。

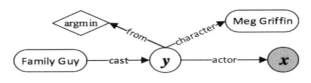

圖 3-14 問句的查詢圖表示範例

其中：

（1）知識庫的實體（Family Guy 和 Meg Griffin），在圖中以圓角矩形表示。

（2）存在變數（y），在圖中以白底圓圈表示。

（3）彙總函數（argmin），在圖中以菱形表示。

（4）λ 變數（答案 x），在圖中以灰底圓圈表示。

圖 3-14 實體節點到答案變數的路徑，可以轉換為一系列的連接操作，不同路徑可透過交集操作結合在一起。因此，該查詢圖在不考慮彙總函數最小值的情況下，便可轉化為一個 λ 變數的運算式，即

$$\lambda x.\exists y.\mathrm{cast}(\mathrm{FamilyGuy}, y) \wedge \mathrm{actor}(y, x) \wedge \mathrm{character}(y, \mathrm{MegGriffin})$$

上式代表要尋找答案 x，使得在知識庫中存在實體 y，滿足：

（1）y 和 FamilyGuy 之間存在 cast 關係。

（2）y 和 x 之間存在 actor 關係。

（3）y 和 MegGriffin 之間存在 character 關係。

可以把 y 想像成中間變數，對它增加約束縮小其範圍，並透過它和 x 的關係來確定答案 x。有了查詢圖之後，接著轉化為 λ 運算式，就可在知識庫中查詢得到答案。整個演算法的概念，歸根究底還是語意分析方法的解決方式，但可利用深度學習方法最佳化建構查詢圖的過程。具體的流程為，先對問題分析過程中得到的候選主題詞進行分析，如圖 3-15 所示。在候選主題詞和知識庫的實體之間建立映射，並從映射實體出發，巡訪周圍節點長度為 1 的路徑（S_5）、長度為 2 且包含 CVT（複合數值型別（Compound Value Type），是 Freebase 中連接多元實體表示複雜資料關係而導入的概念）節點的路徑（如 S_3、S_4）等，都列為候選路徑，以成為謂語序列（如 cast-actor 這樣的序列）。

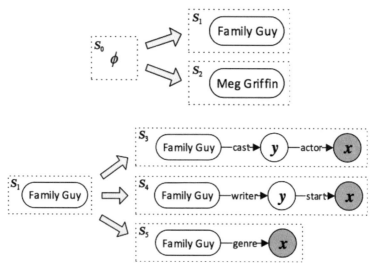

圖 3-15 取得謂語序列的過程

採用基於卷積神經網路的方法，對候選謂語序列進行評分。將自然語言和謂語序列作為輸入，分別經過兩個不同的卷積神經網路，輸出 300 維的分散式表示，然後利用向量間的相似度（如餘弦距離）計算自然語言和謂語序列的相似度得分。對候選謂語序列進行評分的過程，如圖 3-16 所示。

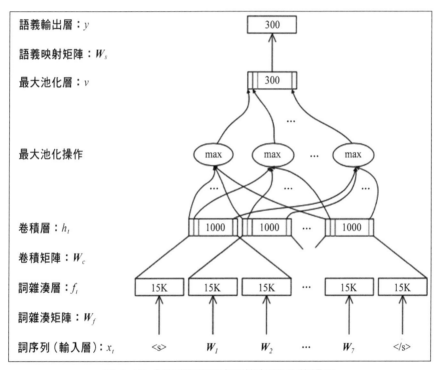

圖 3-16 對候選謂語序列進行評分的過程

實際操作時，還可透過增加約束和彙總函式（如 COUNT、MAX、MIN 等），以提升系統的效果。

前述工作是利用深度學習，提升傳統語意分析方法的一個代表。

2）端到端的深度學習方法

利用端到端的深度學習方法建構 KBQA 系統，典型的有 2014 年 Bordes 等人發表的研究工作 [21]，該工作建立一個基本端到端的問答系統。此系統使用已有問答對（主要來自 WebQuestions，以及利用 Freebase 擷取出一些新的問答對，包含正負樣例等）訓練神經網路模型，目的是自動地從大規模知識庫學習知識、回答廣泛領域主題的問題，同時僅需少量手工設計的特徵。

系統模型的學習過程，大致分為以下 5 個步驟。下面以輸入問句 "Who did Clooney marry in 1987?" 為例，説明該系統的執行過程。

（1）利用實體鏈接技術定位問題的主實體，如 "Clooney"。

（2）在知識庫找出主實體對應的實體表示，本例為 "G.Clooney"，然後搜尋從問題實體到答案實體的路徑。

（3）將答案實體表示成一個路徑，即將知識庫中與答案實體有連接的所有實體構成子圖，以作為候選答案。

（4）將問題和答案子圖分別映射成向量，學習出向量表示。

（5）透過內積操作，取得問題和候選答案之間的相似度分值。

參考文獻 [21] 中，模型的處理過程如圖 3-17 所示。

還有其他值得探討的端到端模型，例如針對知識庫問答的關係嵌入的相關工作 [22]、基於 Freebase 和 CNN 的問答系統 [23]，以及基於知識庫的端到端問答系統 [24] 等。

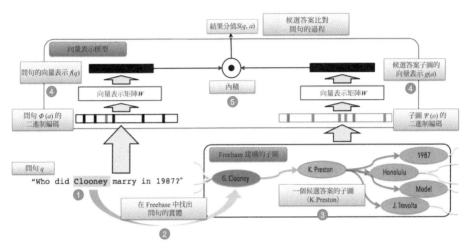

圖 3-17 參考文獻 [21] 中模型的處理過程

3）基於深度學習的進階方法

這裡導入的記憶網路和注意力機制,是問答系統的進階方法。參考文獻 [25] 為根據記憶力機制的深度學習方法,參考文獻 [24] 為基於 LSTM、帶注意力機制的深度學習方法。

總結上述對基於深度學習方法的討論,它的優點主要集中在無須像範本方法那般人工編寫大量範本,也不必像語意分析方法那樣人工編寫大量規則,整個過程都是自動執行。其缺點主要有:

- 目前只能處理簡單問題和單跳關係問題,關於複雜問題則不如兩種傳統的方法效果好。

■ 由於深度學習方法通常不包含群集分析操作，因此無法很好地處理時序敏感性問題。例如問句 "who is Johnny Cash's first wife" 的答案，可能是 second wife 的名字。產生錯誤答案的原因是：模型只關注 wife 而忽略 first 的涵義，況且沒有進行額外的推理，於是需要定義專門的操作來最佳化。

5 其他最佳化方法

1）多知識庫融合

多知識庫融合是指，為克服單知識庫方法帶來資訊不足的缺陷，在實際操作時結合多個不同來源的知識庫，以進行知識融合的工作。

2）Hybrid QA

Hybrid QA 是指基於知識庫和 Web 知識進行的問答，通常是 Web 中半結構化、非結構化的知識，透過 Web 資訊檢索，可以針對知識庫資訊不全的問題進行補充。這種 Hybrid QA 方式有其自身的優勢，能夠涵蓋更大的問答範圍。

▶ 3.3 KBQA 系統實作

本節將以天氣領域的 KBQA 系統為例,詳細介紹如何設計與實作一個基於知識圖譜的問答系統。

3.3.1 系統簡介

1 實作目標

系統根據使用者輸入與天氣相關的問題,理解他的問題意圖,從天氣知識圖譜資料檢索答案,或加以一定的推理產生候選答案,再透過演算法進行排序,將最佳答案回傳給客戶。

2 系統功能

天氣問答系統能夠回答使用者提出、和天氣相關的一系列問題,主要功能包括:

(1)回答天氣基本資訊的問題。例如氣溫、天氣狀況、風力風向等。

如:台北今天天氣怎麼樣?

(2)回答天氣相關應用場景的問題。例如帶傘、洗車、防曬等。

如:今天從台北出門需要帶傘嗎?

3.3.2 模組設計

問答系統的架構如圖 3-18 所示，其中有三個核心模組：自然語言理解、查詢映射和答案生成。

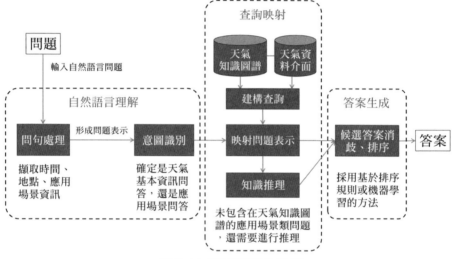

圖 3-18 問答系統的架構

自然語言理解模組：也稱為問句分析模組，採用範本比對方法擷取問句的實體等資訊詞。該步驟也可以自然語言處理領域的技術實作，例如中文分詞、詞性標註、命名實體識別、句法分析等。

查詢映射模組：根據自然語言理解模組取得的問句資訊和使用者意圖，將自然語言問題轉換為對應的查詢，然後呼叫天氣資料介面及天氣知識圖譜。

答案生成模組：候選答案消歧與排序等操作，可以採用基於排序規則或機器學習的方法。

部分子模組的功能描述如下。

1 問句處理模組

該模組的主要任務是識別問句的天氣資訊詞，確定問句與天氣問答相關，然後取得與天氣有關的應用場景詞、地域詞、時間節點詞等。

例 1：今天台北天氣怎麼樣？

time：今天，address：台北，weather_word：天氣

例 2：明天從台北出門要帶傘嗎？

time：明天，address：台北，weather_word：帶傘

2 意圖識別模組

判斷是天氣基本屬性類還是應用場景類問題。根據天氣資訊詞，確定諮詢的是關於天氣哪一類型的資訊；或根據是否有場景資訊詞，確定問題屬於哪種應用場景。

例 1 的問句是諮詢天氣基本資訊問題。
例 2 的問句是諮詢天氣應用相關的問題：是否帶傘。

3 映射問題表示

（1）使用者諮詢的問句，不一定直接對應到知識圖譜的標準表示。
　　例如，知識圖譜存放的是氣溫欄位，而使用者詢問的是溫度，
　　因此要做詞彙映射消歧。
（2）需要映射天氣服務介面與知識圖譜的標準表示。

解決映射問題，一般採用如下方法：

- 進行字串相似度比對（可採用主流的相似度比對演算法或其他演算法）。
- 透過建立同義詞表映射，以解決映射問題。在這種方法中，同義詞表的維護和更新，對映射準確度有顯著的影響。
- 進行服務介面與知識圖譜之間的映射時，可能需要執行必要的拆分和合併操作。

4 建構查詢

本模組處理輸入的問題，將問題轉化為知識圖譜查詢語言，進而存取知識圖譜，再以檢索得到答案。這裡採用 SPARQL 語言存取知識圖譜，以獲得答案資訊。

5 知識推理

如果問題是有關天氣基本屬性，或知識圖譜定義的一些應用場景，則可從知識圖譜中找尋，直接回傳屬性值。

如果詢問未定義的天氣應用場景類問題，則得透過推理取得答案。

以明天是否要帶傘為例，必須建構的規則樣例是：天氣狀態為下雨則需要帶傘，否則不用。

6 候選答案消歧、排序

從知識圖譜找到的答案可能不止一個，這種情況需要對回傳的答案進行排序，以取得最佳答案。模型設計需要結合具體的領域，大致來說，可供選擇的方法分為基於規則和基於機器學習兩種。

7 天氣知識圖譜

將整個天氣問答系統看作本體，本體內部有多個使用者查詢意圖，意圖之間也有層級關係，即多層級意圖。如圖 3-19 所示，「天氣查詢」意圖為一級意圖，由一級意圖可以延伸出多個和天氣相關的話題，即二級意圖，例如洗車諮詢、晾曬諮詢、防曬諮詢、帶傘諮詢、穿衣諮詢等。每個意圖又有許多密切關聯的屬性和規則庫對應的規則，例如，在二級意圖「防曬諮詢」中，一個天氣物件名為 weather，與其相關聯的屬性有：

- 天氣物件的溫度 weather.temperature
- 天氣物件的天氣狀況 weather.condition
- 查詢天氣的時間屬性 time

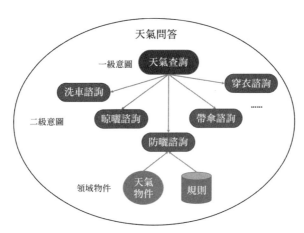

圖 3-19 天氣知識圖譜結構圖

上述屬性的值可由天氣服務介面取得，多個值共同決定防曬諮詢意圖回傳的候選答案。另外，通常還需要執行規則約束意圖。例如，當最高氣溫高於 30 度，天氣狀況為晴天，且使用者諮詢天氣的時間在

10 點～ 16 點的某個時刻，詢問是否需要做好防曬工作時，回答應為
「是」。

定義好上述天氣知識圖譜的結構後，天氣知識圖譜需要與問答系統
的其他模組互動，以便產生最終的答案。天氣知識圖譜與其他模組互動
的示意圖，如圖 3-20 所示。

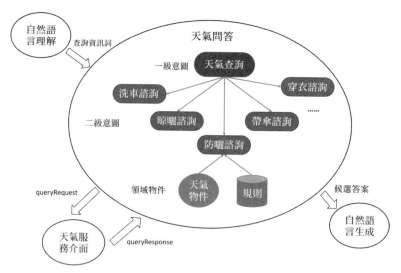

圖 3-20 天氣知識圖譜與其他模組交互示意圖

觀察圖 3-20 得知，首先需要由自然語言理解模組擷取查詢資訊詞
（時間、地點、查詢意圖詞），再將取到的資訊詞作為輸入，傳遞給天
氣知識圖譜。為了將使用者的自然語言，映射至天氣知識圖譜的標準定
義，必須在此時進行本體映射的操作。接著，天氣知識圖譜會根據使用
者的意圖，向天氣服務介面發送一個查詢請求（queryRequest），天氣
服務介面找到天氣知識圖譜所需的天氣物件資訊後，便回傳查詢回應

（queryResponse）。然後，天氣知識圖譜把意圖所需天氣資訊及意圖對應的規則，輸出給自然語言生成模組；自然語言生成模組主要是產生答案，並且排序候選答案，最終將答案回傳給客戶。

8 天氣領域問答系統的具體實作

按照上面的模組設計，以結構化方式建構天氣領域問答系統。

系統一共有 3 個核心組成模組，即自然語言理解、查詢映射和答案生成。下面以虛擬程式碼的形式展現系統的實作過程。系統的輸入為使用者的一次天氣問句 "sentence"，例如 sentence = " 明天台北天氣怎麼樣 "，其輸出為問答系統回傳的結果。

天氣問答系統的整體演算法流程，如演算法 3-2 所示。

演算法 3-2 天氣問答系統的整體演算法流程

```
輸入： 使用者輸入（sentence）
過程：
1. infoWord ← NLU(sentence);
2. candidateAnswerList ← MapQuery(infoWord, knowledgeGraph);
3. reply ← AnswerGeneration(candidateAnswerList);

輸出： 系統回覆（reply）
```

自然語言理解模組，由問句處理和意圖識別兩個子模組構成。整個過程採用連續處理方式，先處理問句，取得天氣問句的時間（time）、

地點（address）、意圖詞（intent_word）等重要資訊詞，再依據上述資訊詞進行意圖的分類。根據前述介紹，本例的意圖主要分為兩大類，一類是天氣基本資訊問答，另一類是與天氣相關的應用場景問答。特別的是，可透過設計天氣資訊詞字典，以字典資料比對的方法進行意圖識別。天氣字典範例如表 3-1 所示。

表 3-1 天氣字典範例

意圖類別	字典範例
天氣基本資訊詞	天氣、天氣狀況、天氣情況、有沒有雨、下不下雨 氣溫、氣壓、風力、空氣品質、污染指數
天氣應用場景詞	帶傘、防曬、紫外線、旅遊、釣魚、運動、晾曬

自然語言理解模組的演算法流程，如演算法 3-3 所示。

演算法 3-3 自然語言理解模組的演算法流程

輸入： 使用者輸入（sentence）
　　　 天氣字典（weatherDict）

過程：

1. [infoWord.time, infoWord.address, infoWord.intent_word] ←
   questionParsing(sentence, weatherDict);

2. userIntent.type ← intentRecognizer(infoWord.intent_word);

輸出： 問句資訊詞和使用者意圖 [infoWord, userIntent]

取得使用者問句資訊詞和意圖後，可以根據具體意圖和相關約束條件，進行資料介面查詢和天氣知識圖譜資訊查詢，以產生若干候選答案。這部分模組的輸入有 4 個，分別是自然語言理解模組得到的問句資訊詞（infoWord）和使用者意圖（userIntent）、外部天氣資料或天氣資料介面（weatherInterface）、天氣知識圖譜（weatherKG）。

請注意，如果自然語言理解處理問句的結果，是使用者意圖為 NULL，則可能有兩種情況：一種是他輸入的不是查詢天氣的問句，另一種是沒有提供明確的天氣查詢意圖。在問答系統中，可以直接回傳「問句意圖不明確，無法查詢天氣」的答案。當自然語言理解部分，回傳的使用者意圖不為空時，才進入查詢映射模組，判斷時間和地點資訊詞是否為空；如果為空，直接賦予預設值。例如，可自行設定 defaultTime，像是「今天」或者「明天」，defaultAddress 可能是客戶所在城市，或使用者歷史查詢頻率最高的城市。

獲得自然語言理解模組的輸出後，接著呼叫 ontologyMappingNL() 操作，將輸出的自然語言資訊詞映射到本體，再根據使用者意圖進行問題的分類、依照所需天氣資訊產生一個 queryRequest 請求，然後發送給天氣服務介面。接著，天氣服務介面會將對應的天氣資訊回傳系統，系統仍然需要進行一次 ontologyMappingSer() 映射操作，以便把天氣資訊映射到天氣知識圖譜的標準表示，最後系統就能結合意圖對應至規則庫裡的相關規則，推導出候選答案。查詢映射模組的演算法流程，如演算法 3-4 所示。

演算法 3-4 查詢映射模組的演算法流程

輸入： 問句資訊詞（infoWord）

　　　　使用者意圖（userIntent）

　　　　天氣資料介面（weatherInterface）

　　　　天氣知識圖譜（weatherKG）

過程：

```
1. ifuserIntent !=null then
2.    if infoWord.address ==null then
3.       infoWord.address ← defaultAddress
4.    end if
5.    ifinfoWord.time == null then
6.       infoWord.time ← defaultTime
7.    end if
8.    infoWordOntology ← ontologyMappingNL(infoWord, weatherKG.
   schema)
9.    weatherInfo ← queryRequest(infoWordOntology,
   weatherInterface)
10.    weatherInfoOntology ← ontologyMappingSer(weatherInfo,
   weatherKG.schema)
11.    candidateAnswer ← generateAnswer(weatherInfoOntology,
   weatherKG.rules)
12. else
13.    reply ← " 問句意圖不明確，無法查詢天氣 "
```

輸出： 候選答案（candidateAnswer）

　　查詢映射模組取得候選答案後，將其作為答案生成模組的輸入。該模組經過消歧、評分排序等操作，然後系統將獲得唯一的答案。最後，系統透過 transformNL() 將最終的答案，轉換為使用者可以理解的自然語言表示。

　　答案生成模組的演算法流程，如演算法 3-5 所示。

演算法 3-5　答案生成模組的演算法流程

輸入：　候選答案（candidateAnswer）
　　　　問句資訊詞（infoWord）
　　　　答案範本（replyTemplate）

過程：

1. candidateAnswerDis ← Disambiguation(candidateAnswer, infoWord);
2. answer ← Ranking(candidateAnswerDis);
3. replyNL ← transformNL(answer, replyTemplate)

輸出：　自然語言回答（replyNL）

　　問答系統的建構方法相對簡單，可在很多具體的方向進行最佳化，藉以提升系統效能。

▶ 3.4 參考文獻

1. Hayes-Roth F, Waterman D, Lenat D. Building Expert Systems. 1984.

2. Banko M, Cafarella M J, Soderland S, et al. Open Information Extraction from the Web. IJCAI. 2007, 7: 2670-2676.

3. Wu F, Weld D S. Open Information Extraction Using Wikipedia. Proceedings of the 48th Annual Meeting of the Association for Computational Linguistics. Association for Computational Linguistics, 2010: 118-127.

4. Nakashole N, Weikum G, Suchanek F. PATTY: A Taxonomy of Relational Patterns with Semantic Types. Proceedings of the 2012 Joint Conference on Empirical Methods in Natural Language Processing and Computational Natural Language Learning. Association for Computational Linguistics, 2012: 1135-1145.

5. Gerber D, Ngomo A C N. From RDF to Natural Language and Back. Towards the Multilingual Semantic Web. Springer, Berlin, Heidelberg, 2014: 193-209.

6. Peters M E, Neumann M, Iyyer M, et al. Deep Contextualized Word Representations. arXiv preprint arXiv:1802.05365, 2018.

7. Devlin J, Chang M W, Lee K, et al. Bert: Pre-training of Deep Bidirectional Transformers for Language Understanding. arXiv preprint arXiv:1810.04805, 2018.

8.   Abujabal A, Yahya M, Riedewald M, et al. Automated Template Generation for Question Answering over Knowledge Graphs. Proceedings of the 26th International Conference on World Wide Web. International World Wide Web Conferences Steering Committee, 2017: 1191-1200.

9.   Unger C, Bühmann L, Lehmann J, et al. Template-based Question Answering over RDF Data. Proceedings of the 21st International Conference on World Wide Web. ACM, 2012: 639-648.

10. Liang P. Lambda Dependency-based Compositional Semantics. arXiv preprint arXiv:1309.4408, 2013.

11. Berant J, Chou A, Frostig R, et al. Semantic Parsing on Freebase from Question-Answer Pairs. EMNLP. 2013, 2(5): 6.

12. Yih S W, Chang M W, He X, et al. Semantic Parsing via Staged Query Graph Generation: Question Answering with Knowledge Base. 2015.

13. Zelle J M. Using Inductive Logic Programming to Automate the Construction of Natural Language Parsers. University of Texas at Austin, 1995.

14. Wong Y W, Mooney R J. Learning Synchronous Grammars for Semantic Parsing with Lambda Calculus. Annual Meeting-Association for computational Linguistics. 2007, 45(1): 960.

15. Lu W, Ng H T, Lee W S, et al. A Generative Model for Parsing Natural Language to Meaning Representations. Proceedings of the Conference on Empirical Methods in Natural Language Processing. Association for Computational Linguistics, 2008: 783-792.

16. L.S. Zettlemoyer, M. Collins. Learning to Map Sentences to Logical Form: Structured Classification with Probabilistic Categorial Grammars, Proc. 21st Conf. Uncertainty in Artificial Intelligence, 2005, pp. 658-666.

17. Kwiatkowski T, Zettlemoyer L, Goldwater S, et al. Inducing Probabilistic CCG Grammars from Logical Form with Higher-order Unification. Proceedings of the 2010 Conference on Empirical Methods in Natural Language Processing. Association for Computational Linguistics, 2010: 1223-1233.

18. Kwiatkowski T, Zettlemoyer L, Goldwater S, et al. Lexical Generalization in CCG Grammar Induction for Semantic Parsing. Proceedings of the Conference on Empirical Methods in Natural Language Processing. Association for Computational Linguistics, 2011: 1512-1523.

19. Wong Y W, Mooney R J. Learning for Semantic Parsing with Statistical Machine Translation. Proceedings of the Main Conference on Human Language Technology Conference of the North American Chapter of the Association of Computational Linguistics. Association for Computational Linguistics, 2006: 439-446.

20. Yih W T, Chang M W, He X, et al. Semantic Parsing via Staged Query Graph Generation: Question Answering with Knowledge Base. Meeting of the Association for Computational Linguistics and the International Joint Conference on Natural Language Processing. 2015:1321-1331.

21. Bordes A, Chopra S, Weston J. Question Answering with Subgraph Embeddings. arXiv preprint arXiv:1406.3676, 2014.

22. Yang M C, Duan N, Zhou M, et al. Joint Relational Embeddings for Knowledge-based Question Answering. EMNLP. 2014, 14: 645-650.

23. Dong L, Wei F, Zhou M, et al. Question Answering over Freebase with Multi-Column Convolutional Neural Networks. Meeting of the Association for Computational Linguistics and the International Joint Conference on Natural Language Processing. 2015:260-269.

24. Hao Y, Zhang Y, Liu K, et al. An End-to-End Model for Question Answering over Knowledge Base with Cross-Attention Combining Global Knowledge. Meeting of the Association for Computational Linguistics. 2017:221-231.

25. Bordes A, Usunier N, Chopra S, et al. Large-scale Simple Question Answering with Memory Networks. Computer Science, 2015.

對話系統

▶ 4.1 對話系統概述

對話系統是一種人機對話互動的典型應用，按照用途可以分為以下兩大類。

1 開放式的對話系統

主要支援閒聊的對話方式，使用者通常不具有明確的目的。在衡量對話的品質上以使用者主觀體驗為主，實作時主要為基於巨量 FAQ 的檢索方式，以及端到端的方式。

2 任務導向型對話系統

指透過對話系統引導使用者完成一項特定的任務。對話過程一般具有明確的目的性，主要以任務的完成情況來衡量對話的品質，實作時分為基於規則和基於資料兩種方式。

這兩種類型對話系統的主要區別，在於是否有明確的目的和任務，使得兩種系統的最佳化目標不同，同樣的，對話品質的衡量指標也不一樣。與較為隨意的開放式閒聊對話系統不同，衡量任務導向對話系統的對話品質時，至少需要知道使用者指定的任務是否被系統正確完成。例如，購買火車票的需求以購票成功為最終完成指標，再觀察需要多少輪對話能完成購票任務，次數越少越好。本章的後續內容主要圍繞任務導向型對話系統展開，閒聊式對話系統將於第 5 章詳述。

此外，任務導向型對話系統與第 3 章介紹的問答系統有所差別，後者多為單輪對話，前者則為多輪對話。任務導向型對話系統，需要維護一個使用者目標狀態的表示，並且依賴一個決策過程完成指定的任務，因此比問答系統更加關注對話過程，包括目標狀態表示和狀態轉移，以保證目標狀態沿著完成任務的方向前進。

平時所說的 SDS（Spoken Dialogue System），預設便是指任務導向型對話系統。SDS 能夠以語音互動的方式，協助使用者完成特定的任務，並且易於嵌入行動設備及終端（如智慧手機的語音助理、車載導航系統等）。這種任務導向對話系統的典型代表有蘋果 Siri、微軟 Cortana、Google 助理、百度度秘等。

對話系統的 3 個關鍵模組為自然語言理解、對話管理和自然語言生成。其中，自然語言理解技術，指的是將機器收到、由使用者輸入的自然語言，轉換為語意表示，通常包含領域識別、意圖識別、槽位填充 3 個子任務。隨後，對話管理模組根據語意表示、對話上下文、使用者個性化資訊（例如年齡）等，找到合適的執行動作，再根據具體的動作，以自然語言生成技術產生一句自然語言，作為對使用者輸入的回覆。

　　與問答系統不同，任務導向對話系統的目標，是完成使用者指定的一項特定任務，例如查詢天氣、訂餐等。在真實環境中，這些任務往往較複雜，例如訂餐任務要求的必要資訊包括使用者位址、使用者電話、訂餐餐廳、訂餐菜式等。他的單輪請求一般無法提供完成任務的充足資訊，因此必須是多輪對話，系統通常採用主動詢問缺失資訊的策略，以填充必要的槽位。如圖 4-1 所示，當使用者想要查詢今天的天氣情況，而必要的「地點」槽位不明時，系統便採取主動互動的方式，對使用者詢問地點資訊。完成所有必要槽位的填充後，系統才算成功完成天氣的查詢任務。

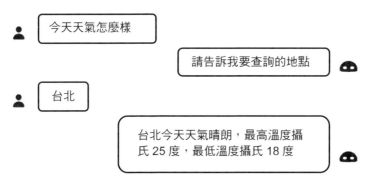

圖 4-1　系統採取主動互動的方式，對使用者詢問地點資訊

　　訓練對話系統時，訓練語料十分關鍵，目前可用的語料請參考文獻[1] 的論述。DSTC（Dialog State Tracking Challenge）是針對任務型對話系統的一部分環節，即「對話狀態追蹤」模組設立的一個公開評測比賽[2]。其中開放的資料評測，包含公車路線查詢、餐廳查詢、旅遊場景查詢等對話資料，該比賽設定的評測指標極具參考價值（例如，槽位填充的準確度、正確填充所需的輪數等）。Ubuntu 對話語料則是 Linux 系統

Ubuntu 論壇社群開發者之間的對話資料 [3]，以解決 Ubuntu 系統專業領域問題為主。特別地，在任務型對話語言理解的研究工作中，使用最廣泛的是航空旅遊資訊系統（Airline Travel Information System，ATIS）的資料集 [4]，它取自真實預訂飛機票錄音。在語言理解任務上，最廣泛使用的版本是 ATIS-3¹，其內包含 4978 句訓練資料，893 句測試資料，127 種語意槽標籤和 18 種意圖。

因為訓練語料可能無法涵蓋所有的對話場景，所以系統需要透過反問等方式，引導使用者補充資訊。以圖 4-2 為例，除了「錦鯉」一詞，系統均能夠正確理解其他內容。實體「錦鯉」或許未被系統的知識庫收錄或者含有歧義，導致系統無法理解。此時，針對問句中無法識別的內容，系統可採用資訊補充的主動請求方式，要求使用者提供提示，協助系統未能理解與識別的內容。在範例中，經過使用者的解釋，系統成功理解「錦鯉」的概念，並回傳正確答案。

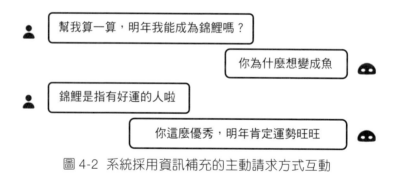

圖 4-2　系統採用資訊補充的主動請求方式互動

1　https://catalog.ldc.upenn.edu/LDC94S19

更多關於任務導向對話系統的綜述性介紹，請參考文獻 [5] 和 [6] 的內容。

為了方便進一步解說，接下來針對任務導向對話系統的任務進行形式化定義，如表 4-1 所示。

表 4-1 對話系統符號表

符　號	說　明
H_x	使用者的對話歷史語句
H_y	系統的對話歷史語句
X_n	第 n 輪的使用者對話語句
Y_n	第 n 輪的系統對話語句
u_n	第 n 輪的使用者動作
s_n	第 n 輪的對話狀態
a_n	第 n 輪的系統動作

指定前 $n-1$ 輪的對話歷史資訊，包括使用者的對話歷史語句 $H_x=\{X_1, X_1,...,X_{n-1}\}$、系統的對話歷史語句 $H_y=\{Y_1, Y_1,...,Y_{n-1}\}$，以及第 n 輪的使用者對話語句 X_n，求 Y_n。

▶ 4.2 對話系統技術原理

按照技術實作的方式，可將任務導向型對話系統劃分為如下兩類。

1 模組化的對話系統

依模組連續處理對話任務，每個模組負責特定的任務，並將結果傳遞給下一個模組，通常由 NLU、DST（Dialogue State Tracking，對話狀態追蹤）、DPL（Dialogue Policy Learning，對話策略學習）、NLG 4 個部分組成。具體實作時，可以針對任一模組採用基於規則的人工設計方式，或者基於資料驅動的模型方式。

2 端到端的對話系統

考慮由輸入直接到輸出的端到端對話系統，忽略中間過程，採用資料驅動的模型實作。

目前，主流的任務對話系統實作為模組化方式，此乃因為現有訓練資料規模的限制，端到端的方式仍處於探索階段。本章主要介紹模組化的任務導向對話系統，圖 4-3 列出主要的模組。

（1）NLU：將使用者輸入的自然語言語句，映射為機器可讀的結構化語意表述。結構化語意一般由兩個部分構成，分別是使用者意圖（user intention）和槽位值（slot-value）。

（2）DST：目標是追蹤使用者需求，並判斷目前的對話狀態。該模組以多輪對話歷史、目前的使用者動作為輸入，透過總結和推理，理解上下文環境中使用者輸入自然語言的具體涵義。對於

對話系統來説，本模組具有重大意義，很多時候需要綜合考量使用者的多輪輸入，才能讓對話系統理解他的真正需求。

（3）DPL：也稱為對話策略最佳化（optimization），根據目前的對話狀態，對話策略決定下一步執行什麼系統動作。系統行動與使用者意圖類似，也由意圖和槽位組成。

（4）NLG：負責把對話策略模組選擇的系統動作，轉換成自然語言，最終回傳使用者。

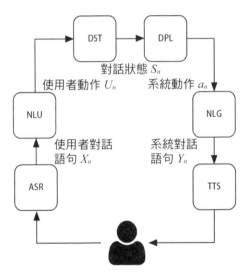

圖 4-3 任務導向對話系統的主要模組

在與使用者直接關聯的兩個模組中，ASR 指的是自動語音辨識，TTS 則是語音合成。如同第 2 章的介紹，ASR 和 TTS 並不是系統必備的模組，也不是本書的重點，因此在任務導向型對話系統中，便不詳細說明這兩個部分的技術。

4.2.1 NLU 模組

第 2 章已經大致說明 NLU 的功能及研究進展，本節主要結合 NLU，說明在任務導向對話系統的具體應用。

就任務導向型對話系統來說，NLU 模組的主要任務是將使用者輸入的自然語言，映射為使用者意圖和對應的槽位值。因此，在這類對話系統中，NLU 模組的輸入是使用者對話語句 X_n，輸出是解析 X_n 後得到的使用者動作 u_n。該模組涉及的主要技術是：意圖識別和槽位填充，分別對應到使用者動作的兩項結構化參數，即意圖和槽位。

本節主要討論如何為任務導向型對話系統設計 NLU 模組，包括針對特定任務定義意圖和對應的槽位，以及後續從輸入中取得任務目標的意圖識別方法，以及對應的槽位填充方法。

1 意圖和槽位的定義

意圖和槽位共同組成「使用者動作」，機器一般無法直接理解自然語言，因此使用者動作的作用，便是將自然語言映射為機器能夠理解的結構化語意表示。

意圖識別，也稱為 SUC（Spoken Utterance Classification），顧名思義，是劃分使用者輸入的自然語言對話，分類（classification）指的就是使用者意圖。例如「今天天氣如何」，其意圖為「詢問天氣」。自然地，可將意圖識別看作一個典型的分類問題。意圖的分類和定義請參考 ISO-24617-2 標準，其中共有 56 種詳細的定義 [7]。任務導向對話系統的意圖識別，通常可以視為文字分類任務。同時，意圖的定義與對話系統

本身的定位和具有的知識庫有很大關係,亦即意圖的定義具備非常強的領域相關性。

　　槽位,即意圖所帶的參數。一個意圖可能對應若干個槽位,例如詢問公車路線時,要求提供出發地、目的地、時間等必要參數。以上參數就是「詢問公車路線」此意圖所對應的槽位。語意槽位填充任務的主要目標,是在已知特定領域或特定意圖的語意框架(semantic frame)前提下,從輸入語句擷取語意框架預先定義好的語意槽內容。語意槽位填充任務可以轉換為序列標註任務,亦即運用經典的 IOB 標記法,標示一個詞是某一語意槽的開始(begin)、延續(inside),或是非語意槽(outside)。

　　若想要一個任務導向型對話系統正常運作,首先得設計意圖和槽位。意圖和槽位能讓系統知道該執行哪項特定任務,並且提供該任務所需的參數類型。為了方便與問答系統相比較,底下依然以一個具體的「詢問天氣」需求為例,介紹任務導向對話系統中意圖和槽位的設計。

使用者輸入範例:「今天台北天氣怎麼樣」

使用者意圖定義:詢問天氣,Ask_Weather

槽位定義

槽位一:時間,Date

槽位二:地點,Location

就「詢問天氣」的需求而言,對應的意圖和槽位如圖 4-4 所示。

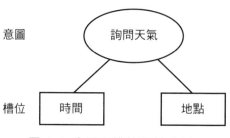

圖 4-4　意圖與槽位定義（1）

在上述範例中，針對「詢問天氣」任務定義兩個必要的槽位，分別是「時間」和「地點」。

以單一的任務來說，上述定義便可解決任務需求。但在真實的商業環境下，一個任務導向型對話系統，往往需要同時處理若干個任務，例如氣象台台除了回答「詢問天氣」的問題外，也應該能夠回答「詢問溫度」的問題。

對於同一系統處理多種任務的複雜情況，一種最佳化的策略是定義更上層的領域，例如將「詢問天氣」意圖和「詢問溫度」意圖，均歸屬於「天氣」領域。在這種情況下，可以簡單地將領域理解為意圖的集合。定義領域並先進行領域識別的優點是：可以約束領域知識範圍，減少後續意圖識別和槽位填充的搜尋空間。此外，更深入的理解每一個領域，好好利用任務及領域相關的特定知識和特徵，往往能夠明顯地提升 NLU 模組的效果。因此，建議改進圖 4-4 的範例，加入「天氣」領域。

使用者輸入範例

1.「今天台北天氣怎麼樣」
2.「台北現在氣溫多少度」

領域定義：天氣，Weather

使用者意圖定義

1. 詢問天氣，Ask_Weather
2. 詢問溫度，Ask_Temperature

槽位定義

槽位一：時間，Date
槽位二：地點，Location

改善後「詢問天氣」的需求，對應的意圖和槽位如圖 4-5 所示。

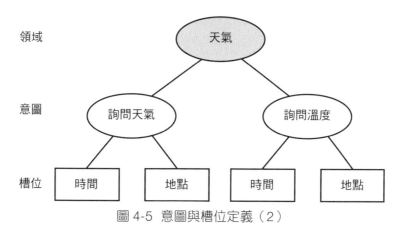

圖 4-5　意圖與槽位定義（2）

2 意圖識別和槽位填充

定義好意圖和槽位後，接著從輸入中擷取使用者意圖和對應的槽位值。意圖識別的目標，是從輸入語句中提取使用者意圖。單一任務可以簡單地建模為一個二分類問題，如「詢問天氣」意圖，在意圖識別時便可建模為「是詢問天氣」，或者「不是詢問天氣」的二分類問題。當涉

及要求對話系統處理多種任務時，系統必須辨別各個意圖，在這種情況下，二分類問題就轉換成多分類問題。

槽位填充的任務是從自然語言擷取資訊，並填入事先定義好的槽位。例如圖 4-4 已經定義好意圖和對應的槽位，當使用者輸入「今天台北天氣怎麼樣」時，系統應當能夠取出「今天」和「台北」，然後分別填充到「時間」和「地點」槽位。基於特徵提取的傳統機器學習模型，已經在槽位填充任務得到廣泛的應用。近年來，隨著深度學習技術在自然語言處理領域的發展，基於深度學習的方法也逐漸應用至槽位填充任務。相較於傳統的機器學習方法，深度學習模型能夠自動學習輸入資料的隱含特徵。例如，將利用更多上下文特徵的最大熵馬可夫模型，導入槽位填充的過程中 [8]；同樣的，也有研究把條件隨機域模型導入槽位填充。

基於 RNN 的深度學習模型，在意圖識別和槽位填充領域也得到大量的應用。參考文獻 [9] 介紹了以 Attention-Based RNN 模型進行意圖識別和槽位填充的方法，作者提出將「alignment information」加入 Encoder-Decoder 模型，以及將「alignment information」和「attention」加入 RNN，這兩種解決槽位填充和意圖識別問題的模型。請特別留意，與基於 RNN 的意圖識別和槽位填充相較下，基於 LSTM 模型的槽位填充，可以有效解決 RNN 模型存在的梯度消失問題。

另外，實際專案中往往需要先標註句子的各個組成部分，所以通常也會應用序列標註方法。

意圖識別和槽位填充的傳統方法，是使用序列執行的方式，亦即先進行意圖識別，再根據其結果進行槽位填充任務。這種方式的主要缺點是：

- 可能產生錯誤傳遞，導致錯誤放大。

- 限定領域意味著不同領域需要不同的方法和模型，各個領域之間的模型無法共享，但在多數情況下，例如訂火車票和飛機票時，時間、地點等槽位都是一致的。

因為序列執行的方式存在上述問題，所以研究人員改為採用參考文獻 [10] 設計的聯合學習（joint learning）方式，以進行意圖識別和槽位填充。

此外，還需要特別注意一種情況。在一次天氣詢問任務完成後，使用者又問「那明天呢」時，實際上可以認為第二個問句是開始另一次「詢問天氣」的任務，只是已指定其中的「時間」槽位，而「地點」槽位則重複利用（繼承）上一次任務中的值。

對意圖識別模組和槽位填充模組的主要評估指標，包括：

- 意圖識別的準確率，即分類的準確率。
- 槽位填充的 F1-score。

4.2.2 DST 模組

DST 模組以目前的使用者動作 u_n、前 $n-1$ 輪的對話狀態和對應的系統動作作為輸入，輸出是 DST 模組判斷得到的目前對話狀態 s_n。

對話狀態的表示（DST-State Representation），一般由以下 3 部分構成。

（1）目前為止的槽位填充情況。

（2）本輪對話過程中使用者的動作。

（3）對話歷史。

其中，槽位的填充情況通常是最重要的狀態表示指標。

已知的是，由於語音辨識不準確，或是自然語言本身存在歧義性等原因，NLU 模組的識別結果往往與真實情況有一定的誤差。所以，NLU 模組的輸出一般會加上機率，即每個可能的結果有一個相關的可信度。因此，DST 在判斷目前的對話狀態時，就有兩種選擇，分別對應到兩種不同的處理方式，一種是 1-Best 方式，另一種則是 N-Best 方式[11]。

1-Best 方式指 DST 判斷目前對話狀態時，只考慮可信度最高的情況。因此維護對話狀態的表示時，只需等同於槽位數量的空間，如圖 4-6 所示。

Slot1　　Slot2　　　　Slot*k*

圖 4-6 1-Best 方式下對話狀態與槽位的對應

N-Best 方式指 DST 判斷目前對話狀態時，將綜合考量全部槽位的所有可信度。因此，每一個槽位的 N-Best 結果都得考慮和維護，最終還需要維護一組槽位組合在一起（overall）的整體可信度，將其作為最後的對話狀態判斷依據，如圖 4-7 所示。

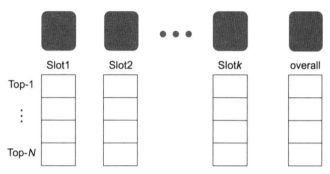

圖 4-7 N-Best 方式下對話狀態與槽位的對應

實現 DST 模組的方法，主要有：基於條件隨機域模型的序列追蹤模型、基於 RNN 和 LSTM 的序列追蹤模型等。

4.2.3 DPL 模組

DPL 模組的輸入是 DST 模組輸出的目前對話狀態 s_n，透過預設的對話策略，選擇系統動作 a_n 作為輸出。下面結合具體案例介紹基於規則的 DPL 方法，也就是藉由人工設計有限狀態機的方法實作 DPL。

案例一：詢問天氣

以有限狀態機的方法設計規則，有兩種不同的方案：一種以點表示資料，以邊表示操作；另一種恰好相反，以點表示操作，以邊表示資料。這兩種方案各有優點，具體實作時可以根據實際情況抉擇。

方案一：以點表示資料（槽位狀態），以邊表示操作（系統動作），如圖 4-8 所示

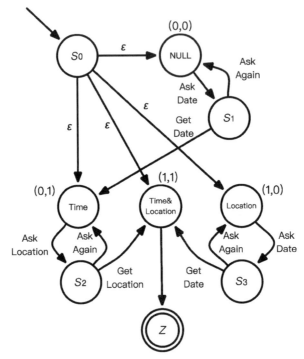

圖 4-8「詢問天氣」有限狀態機的設計（1）

在這種情況下，有限狀態機中每個對話狀態 S 表示槽位的填充情況。例如槽位均為空時，狀態為 NULL，表示為 (0,0)；僅填充時間（Time）槽位時，狀態表示為 (0,1)。本例的槽位共有 2 個，分別是時間和地點（Location），因此共有 4 種不同的狀態。

狀態轉移是由系統動作所引起，例如僅填充時間槽位，下一步的系統動作為「詢問地點」（Ask Location），以取得完整的槽位填充。S0 為起始狀態，Z 為終止狀態，S1、S2、S3 三個狀態的作用是確認槽位填充。如果成功填充，則跳到下一個狀態繼續；如果不成功，則再次詢問以進行槽位填充（Ask Again）。

這種方式的弊端非常明顯：隨著槽位數量的增加，對話狀態的數量也會急劇上升。具體來說，在上述方案中，對話狀態的總數由槽位的個數決定，如果有 k 個槽位，那麼對話狀態的數量為 2^k 個。嘗試改進此弊端的研究有很多，如 Young S 等人[12] 提出的隱藏資訊狀態模型（Hidden Information State，HIS），以及 Thomson B 等人[13] 提出、基於貝氏更新的對話狀態管理模型（Bayesian Update of Dialogue State，BUDS）等。

方案二：以點表示操作（系統動作），以邊表示資料（槽位狀態），如圖 4-9 所示。

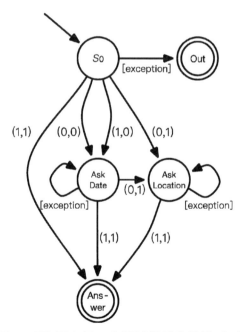

圖 4-9「詢問天氣」有限狀態機的設計（2）

在這種情況下，有限狀態機中每個對話狀態 S 表示一種系統動作。本例的系統動作共有 3 種，分別是 2 種詢問動作：「詢問時間」（Ask

Date）和「詢問地點」（Ask Location），以及最後的系統回覆「回答天氣」（Answer）動作。有限狀態機中狀態的轉移，則是由槽位的狀態變化，即「使用者動作」所引起。

比較上述兩種方案得知，第二種有限狀態機以系統動作為核心，設計方式更簡潔、易於專案的實作，更適合人工設計的方式。第一種有限狀態機以槽位狀態為核心，列舉所有槽位情況的做法過於複雜，較適合資料驅動的機器學習方式。

系統動作的定義通常有詢問、確認和回答 3 種。詢問的目的是瞭解必要槽位缺失的資訊；確認是解決容錯性問題，填充槽位之前向使用者再次確認；回答則是最終回覆，意味著任務和有限狀態機工作的結束。

細心的讀者可能已經發現，採取詢問方式取得缺失的槽位資訊，在一些情況下並不合適。以「詢問天氣」任務為例，向使用者詢問槽位缺少的資訊，將大幅降低他對系統的滿意度。在真實的商業環境下，系統往往是直接採取預設值填充槽位的方式，或者結合以往的對話歷史資料，自動填補個性化的結果。例如，使用者過往問的都是台北的天氣，那麼「地點」槽位就會被個性化地填為「台北」。

這就引出針對任務導向對話系統品質的評估方法：就這類對話系統而言，完成使用者指定任務所需的對話輪數越少越好。實際應用時，諸如「詢問天氣」這樣的任務，通常都盡可能在一次對話中完成。不過，有些任務則得進行多輪對話，例如訂餐、購票等任務。

接著以「訂餐需求」為例，說明多輪對話的必要性，以及對話輪數的取捨問題。

案例二：訂餐

在典型的訂餐領域對話系統中，根據生活經驗，一般需要為系統定義以下幾個槽位。

（1）slot1：使用者住址（Address）。

（2）slot2：使用者手機號碼（Phone）。

（3）slot3：訂餐餐廳名稱（Res_name）。

（4）slot4：食物名稱（Food_item）。

（5）slot5：食物類型（Food_type）。

（6）slot6：價格範圍（Price_range）。

前 4 項為必要槽位，對訂餐任務來說是必須提供的參數；最後 2 項為非必要槽位，可有可無，有的話可以提高訂餐任務的精準度。參考案例一的處理過程，首先為任務設計相關的有限狀態機，如圖 4-10 所示。

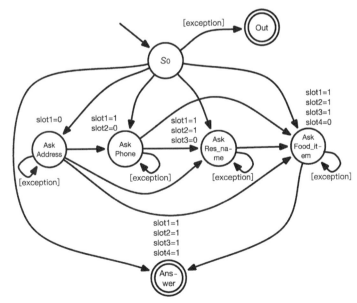

圖 4-10「訂餐」系統有限狀態機的設計

由上圖得知，任務的有限狀態機設計，其中只加入必要槽位的詢問操作，沒有對系統強制詢問 Food_type 和 Price_range。兩個非必要槽位能夠對「Ask Food_item」，即詢問具體的食物名稱達到輔助作用。當使用者沒有明確需求時，系統便可提供具體的食物推薦，這樣的設定可以有效地減少非必要的對話，以及對話輪數。

4.2.4 NLG 模組

NLG 模組的輸入是 DPL 模組輸出的系統動作 a_n，輸出則是系統對使用者輸入 X_n 的回覆 Y_n。

目前，NLG 模組仍廣泛採用傳統基於規則的方法，表 4-2 列出 3 個範例規則的定義。根據規則，可將各個系統動作映射成自然語言表示。

表 4-2 NLG 範本規則定義範例

系統動作	系統回覆
Ask Date()	「請告訴我查詢的時間」
Ask Location()	「請告訴我查詢的地點」
Answer(date=$date, location=$location, ontent=$weather)	「$date，$location 的天氣，$weather」

為了達到回覆的多樣性，於是人們提出與發展各種基於深度神經網路的模型方法。

▌ **4.3 基於聊天機器人平台建置對話系統**

很多國內外企業和研究單位，公開了自己研發的聊天機器人平台。基於這些公開的平台，業者便可很方便地建置任務驅動的對話系統。在介紹基於這種方式建構的對話系統之前，本節首先對國內外已有的聊天機器人平台，進行大致的比較與說明，以方便讀者根據具體的專案需求選擇合適的平台。

中國已有的開放平台如下。

（1）阿里雲提供的智慧語音互動[2]平台，主要包括語音辨識、語音合成和阿里雲人機對話服務。其中最後一項主要有智慧問答和通用領域對話兩項服務。透過測試發現，現階段主要支援一對一的問答系統，且基於檢索的方法實現人機對話。

（2）百度的 AI 開放平台[3]有關聊天機器人的 AI 服務，有語言處理基礎技術，以及理解與互動技術（Understanding and Interaction Technology，UNIT）。語言處理基礎技術包括詞法分析、依存句法分析、詞向量表示、DNN 語言模型、詞義相似度、短文相似度等。UNIT 是百度為第三方提供的對話系統開發平台，適用於智慧客服、機器人、智慧汽車等應用場景。

2　https://data.aliyun.com/product/nls

3　http://ai.baidu.com/

（3）ruyi.ai[4] 是一種個性化的聊天機器人開放技術平台，支援快速簡單制定機器人，輔助第三方實作客服、硬體、微信公眾號智慧化等功能需求。ruyi 提供許多個性化的聊天機器人技能包，並且相對頻繁地推出新版。

（4）IP 夢工廠[5] 是一個聊天機器人開放平台，特點是提供個性化 IP 機器人快速制定，預設 20 多種基礎性格，例如積極樂觀、調皮可愛等。同時，平台原生支援知識圖譜，包括 IP 個性圖譜、使用者輪廓圖譜、百科圖譜等，此外還支援機器人基礎問答設定和預設技能包選擇。

小 i 機器人[6]、圖靈機器人[7]、竹間智能科技[8] 等，都是中國智慧型機器人平台和架構的提供者，平台著重的功能各有不同，表 4-3 匯整了部分的聊天機器人平台。

表 4-3 部分聊天機器人平台的功能匯總

平台名稱	問答	對話	槽位擷取	技能包	機器人個性設定	記憶	知識圖譜
阿里	✓	✗	✗	✗	✗	✗	✗
百度	✓	✓	✓	✗	✗	✗	✗
Ruyi	✓	✓	✓	✓	✓	✓	✗

4　http://ruyi.ai/

5　https://ipd.gowild.cn

6　http://www.xiaoi.com/index.shtml

7　http://www.tuling123.com/

8　http://www.emotibot.com/

平台名稱	問答	對話	槽位擷取	技能包	機器人個性設定	記憶	知識圖譜
小 i	✓	✗	✗	✓	✓	✗	✗
圖靈	✓	✗	✗	✓	✓	✗	✗
竹間	✓	✓	✗	✓	✓	✓	✓
IP 夢工廠	✓	✗	✗	✓	✓	✓	✓

　　國際上也有很多類似的聊天機器人平台，例如 Amazon 的 Lex[9]、LUIS[10]、Wit.ai[11] 等。雖然 LUIS.AI 系統內建實體數量並不是最多，但是它支援自訂特徵；而 Wit.ai 不僅擁有較多的系統內建實體數量，還支援對話管理和對話生成。表 4-4 所示為主流國外聊天機器人平台的功能匯總。

表 4-4　主流國外聊天機器人平台的功能匯總

平台名稱	自然語言理解					對話管理	對話生成
	意圖識別	槽位擷取	內建實體數量	自訂實體	自訂特徵		
LUIS.AI	✓	✓	中	✓	✓	✗	✗
api.ai	✓	✓	多	✓	✗	✓	✓
Wit.ai	✓	✓	多	✓	✗	✓	✓
Lex	✓	✓	少	✓	✗	✓	✓

　　聊天機器人平台的評測因素，一般需要考慮平台的功能、可用性、

9　https://amazonaws-china.com/cn/lex/
10　https://www.luis.ai/
11　https://www.wit.ai/

效果等。本節將利用聊天機器人開放平台——百度的 UNIT 平台，以
「詢問天氣」為例，闡述如何從零開始建置一個解決特定任務的對話系
統，並將過程的每一步驟，與 4.2 節對話系統框架的各個模組及方法相
對應。

4.3.1 NLU 模組實作

根據 4.2 節的介紹，NLU 模組若要實作自然語言的處理，首先得
針對任務需求定義意圖與槽位。由於本例主要以「詢問天氣」的需求為
主，可先將意圖定義為「ASK_WEATHER」，即詢問天氣。參考 4.2 節
對槽位定義的描述與範例後，建議比照辦理，具體的槽位定義如下。

（1）時間：user_time，自訂時間槽位，可重用平台內建的時間字
　　　典。
（2）地點：user_loc，自訂地點槽位，可重用平台內建的地點字典。

圖 4-11 是 UNIT 平台的槽位定義範例。

詞槽 ?	
詞槽	說明
user_loc	地點
user_time	時間

圖 4-11 UNIT 平台的槽位定義範例

定義完意圖與槽位後，下一步是進行填充。本質上，意圖識別與槽

位填充都是透過訓練樣本加以學習,所以先匯入訓練樣本資料。如果沒有現成的訓練資料,則需要手動建立。具體的樣本資料準備,包括樣本的輸入與標註兩部分,如圖 4-12 所示。針對每一句手工輸入的樣本,都需要進行意圖和槽位的標註,分別對應到意圖識別任務和槽位填充任務。

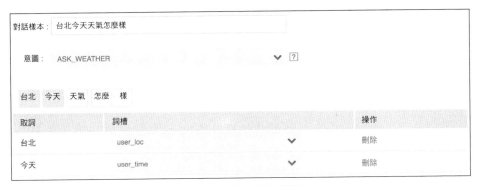

圖 4-12 樣本標註範例

圖 4-13 所示為若干筆訓練樣本最終形成的樣本集。

對話樣本	意圖 ⬍	標註狀態 ⬍ ?
台北今天天氣怎麼樣	ASK_WEATHER	已標註
台北天氣	ASK_WEATHER	已標註
今天天氣	ASK_WEATHER	已標註
台北今天天氣	ASK_WEATHER	已標註

圖 4-13 若干筆訓練樣本最終形成的樣本集

就簡單的任務對話系統而言,對話樣本數量較少也可以維持基本的

運作，如上例的 4 句對話樣本，就能支援「詢問天氣」任務。但對稍微複雜一點的任務來說，由於其往往涉及多個意圖，有可能產生衝突導致意圖分類出錯。這種情況下，系統意圖識別的準確率，就依賴於訓練樣本的數量和品質。不管是正例還是負例樣本，均需要足夠多的數量，以保證意圖識別的準確率。

有了訓練資料之後，平台會以其進行模型的訓練。

4.3.2 DST 與 DPL 模組實作

開放平台的 DST 與 DPL 模組，均採用基於規則的實作方式，因此可以參考 4.2.3 節設計的有限狀態機。其中有限狀態機的系統動作定義為「Ask Date」和「Ask Location」，即圖 4-14 的「澄清話術」。同時，「澄清順序」指有限狀態機中對應的槽位均為空時，優先執行「Ask Date」或「Ask Location」動作。該例中，與 4.2.3 節有限狀態機的設計相同，都是優先詢問時間，即先執行「Ask Date」動作。

詞槽	說明	澄清話術
user_time	時間	請告訴我查詢的時間
user_loc	地點	請告訴我查詢的地點

圖 4-14 系統動作範例

此外，還需要對系統動作「Answer」設定觸發條件，如圖 4-15 所示。這裡將條件設為槽位填滿，亦即只有當所有槽位均填滿時，才執行最終的回覆命令。

圖 4-15 觸發條件的設定

　　由此得知，基於開放平台實作對話系統的核心部分 DST 與 DPL 模組，其設計概念與有限狀態機一致，只是採用另外一種形式的設定，本質上仍然是狀態的轉移。

4.3.3 NLG 模組實作

　　系統回覆的實作有兩種方式，一種是採用固定文字，如圖 4-16 所示；另一種是透過其他函數或 API 呼叫，再回傳動態的結果。以「詢問天氣」為例，最終需要呼叫天氣查詢 API 回傳天氣資料，好讓對話系統回覆給使用者。

　　接下來，以基於 Amazon Lex 訂餐需求定義的任務對話系統，其內的對話效果為例，進一步展示基於開放平台建置對話任務系統的結果，如圖 4-17 所示。

圖 4-16 採用固定文字回覆

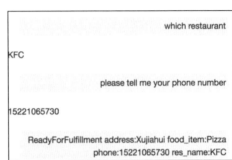

圖 4-17 基於 Amazon Lex 訂餐需求定義的任務對話系統的對話效果

4.4 任務導向型對話系統實作

本節主要介紹如何實作任務導向型對話系統，如演算法 4-1 所示，整體流程由 4 個主要的模組構成，即 NLU、DST、DPL 和 NLG。虛擬程式碼的各行，分別定義了各個主要模組的輸入和輸出，例如 NLU 模組的輸入為參數 sentence，輸出為使用者動作 userAct。

演算法 4-1 任務導向對話系統的整體流程

```
輸入： 使用者輸入（sentence）

過程：

1. userAct ← NLU(sentence)

2. dialogState ← DST(userAct, dialogHistory)

3. systemAct ← DPL(dialogState)

4. reply ← NLG(systemAct)

輸出： 系統回覆（reply）
```

接下來詳細描述 4 個主要的模組，請注意，此處仍然以「詢問天氣」為例展示任務對話系統的實作，並假設輸入的 sentence 為「今天天氣怎麼樣」。

由前文已知 NLU 模組由意圖識別和槽位填充構成，如演算法 4-2 所示。一般採用連續處理的方式，先進行意圖識別，再利用其結果填充槽位。意圖識別可採用分類演算法來實作，如 SVM。取得意圖之後，槽位填充方法 slotFilling() 首先需要獲取意圖對應的槽位定義。這裡的「詢問天氣」定義兩個槽位，分別是「時間」和「地點」，然後以序列標註法具體實作槽位的填充，如 CRF。意圖識別結果和槽位填充結果，共同組成 NLU 模組的輸出 userAct。

演算法 4-2 NLU 模組演算法

```
輸入： 使用者輸入 ( sentence )

過程：

1. userAct.intent ← intentRecognizer(sentence)
2. userAct.slotArray ← slotFilling(sentence, userAct.intent)

輸出： 使用者動作 ( userAct )
```

DST 模組負責接收本輪的使用者動作，並判斷目前的對話狀態。具體實作時，DST 模組認為對話狀態同樣是由意圖和槽位組成，因此可根據實際情況豐富對話狀態的定義。

當意圖識別結果不為空，即正確識別使用者意圖時（採用機率表示為可信度較高的結果），代表對話狀態進入一個新的有限狀態機。亦即新一輪對話開始，因此會初始化對話狀態，該例中直接以第一輪對話得到的 userAct，對 dialogState 進行初始化。同時，請注意演算法 4-3 中，有一個檢查預設槽位設定的函數 checkDefaultSlot()，它的作用是對一些槽位進行預設或者個性化的填充。例如，某一客戶的位置在台北，於是可將詢問天氣的預設地點槽位，個性化地設為台北。這種設定方式符合人們日常的行為規律，也能有效地減少對話輪數，提高對該對話系統的使用者經驗。

相反的，如果意圖識別結果為空，則有以下兩種情況。

（1）處於多輪對話中，意圖和上一輪對話的意圖相同。
（2）沒有未完結的多輪對話，意圖識別失敗，設為 null。

異常情況交由 getIntent() 函數處理，該函數需要先考慮歷史對話情況，再進行上述兩種情況的判斷。同時，當處於多輪對話狀態時，槽位會不斷地填充與更新。槽位更新交由 updateDialogState() 函數處理，此函數負責將本輪取得的槽位，更新到整體的歷史槽位中。

演算法 4-3 DST 模組演算法

```
輸入： 使用者動作（userAct）

    對話歷史（dialogHistory）

過程：

1.  if userAct.intent!=null then
2.      dialogState.intent ← userAct.intent;
3.      dialogState.slotArray ← userAct.slotArray;
4.      checkDefaultSlot(dialogState);
5.  else
6.      dialogState.intent ← getIntent(dialogHistory);
7.      dialogState.slotArray ← updateDialogState(userAct.
    slotArray, dialogHistory);

輸出： 對話狀態（dialogState）
```

　　DPL 模 組 根 據 目 前 的 對 話 狀 態（dialogState），判 斷 下 一 步 的 系 統 動 作（systemAct）。如 演 算 法 4-4 所 示，當 對 話 的 意 圖 為「 詢 問 天 氣 」時，便 可 按 照 它 設 計 的 有 限 狀 態 機 判 斷 狀 態，分 別 執 行「AskDate」、「AskLocation」和「AnswerWeather」3 項 系 統 動 作。其 中，「AnswerWeather」為 槽 位 填 滿 時 所 執 行 的 系 統 動 作，這 部 分 操 作 涉 及 與 知 識 庫 的 連 接，以 及 查 詢 指 定 時 間、地 點 的 天 氣（getWeather()），接 著 將 找 到 的 天 氣 結 果 作 為 槽 位，填 充 到 系 統 動 作 中。當 意 圖 為 null 時，系 統 拋 出 異 常。此 外，對 話 系 統 往 往 需 要 處 理 多 項 任 務，因 此 可 以 設 計 其 他 意 圖 對 應 的 有 限 狀 態 機，並 且 加 到「 其 他 服 務 」的 虛 擬 程 式 碼 處。

演算法 4-4　DPL 模組演算法

輸入： 對話狀態（dialogState）

過程：

```
1. if dialogState.intent==" 詢問天氣 " then
2.    if dialogState.slotArray[0]==null then
3.       systemAct.intent ← "AskDate";
4.    else if dialogState.slotArray[1]==null then
5.       systemAct.intent ← "AskLocation";
6.    else
7.       systemAct.intent ← "AnswerWeather";
7.       systemAct.slotArray[0] ← getWeather(dialogState.
   slotArray);
8.    end if
9. else if dialogState.intent==null then
10.   systemAct.intent ← "Exception"; // 異常
11.else
12.   其他服務
13.end if
```

輸出： 系統動作（systemAct）

　　NLG 模組以套用 NLG 範本的方式實作，如演算法 4-5 所示。每一個系統動作（systemAct）對應至一種自然語言表達，以作為系統最後回覆的輸出給使用者。這裡設計 4 種系統動作對應的 NLG 範本。

演算法 4-5 NLG 模組演算法

```
輸入： 系統動作（systemAct）

過程：

1. if systemAct.intent=="AskDate" then
2.    reply ← " 請告訴我查詢的時間 ";
3. else if systemAct.intent=="AskLocation" then
4.    reply ← " 請告訴我查詢的地點 ";
5. else if systemAct.intent=="AnswerWeather" then
6.    reply ← systemAct.slotArray[0];
7. else if systemAct.intent=="Exception" then
8.    reply ← " 抱歉，我剛剛沒聽清楚，能再説一次嗎 ";
9. else
10.   其他系統動作

輸出： 系統回覆（reply）
```

　　圖 4-18 展示上述任務對話系統實作的效果，該例的時間、地點槽位均為空，因此系統分別提出詢問，可對應上述各模組的虛擬程式碼理解。圖 4-19 展示地點槽位為空的情況，所以只進行一次詢問。圖 4-20 則應用個性化技術，將地點槽位進行個性化的預設填充，由此看出，這樣的互動方式非常友善。

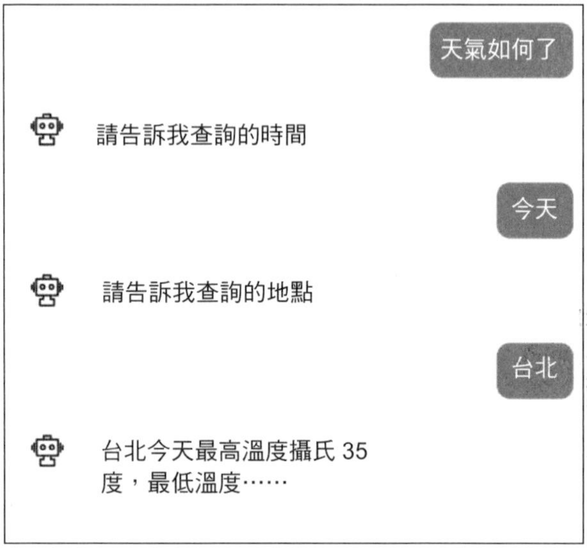

天氣如何了

請告訴我查詢的時間

今天

請告訴我查詢的地點

台北

台北今天最高溫度攝氏 35
度，最低溫度……

圖 4-18　系統展示（1）

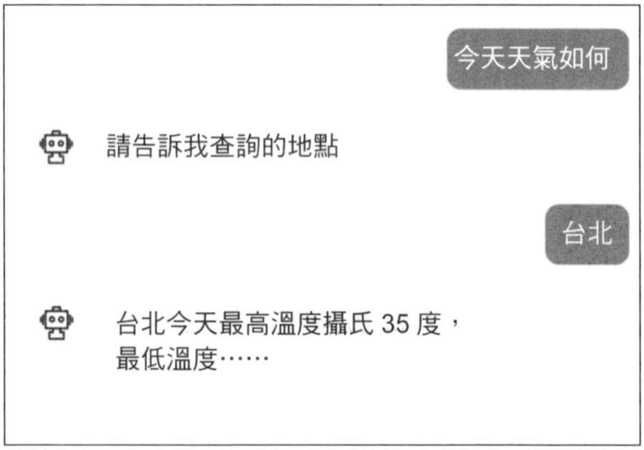

今天天氣如何

請告訴我查詢的地點

台北

台北今天最高溫度攝氏 35 度，
最低溫度……

圖 4-19　系統展示（2）

今天天氣怎麼樣

主人您在台北，今天最高溫度攝氏
35 度，最低溫度……

圖 4-20 系統展示（3）

▶ 4.5 參考文獻

1. Serban I V, Lowe R, Charlin L, et al. A Survey of Available Corpora for Building Data-driven Dialogue Systems. arXiv preprint arXiv:1512.05742, 2015.

2. Williams J D, Raux A, Ramachandran D, et al. The Dialog State Tracking Challenge, SIGDIAL Conference. 2013: 404-413.

3. Lowe R, Pow N, Serban I, et al. The Ubuntu Dialogue Corpus: A Large Dataset for Research in Unstructured Multi-turn Dialogue Systems. arXiv preprint arXiv:1506.08909, 2015.

4. Raymond C, Riccardi G. Generative and Discriminative Algorithms for Spoken Language Understanding, Proceedings of the 8th Annual Conference of the International Speech Communication Association. 2007:1605-1608.

5. Mo K. A Survey of Task-oriented Dialogue Systems. 2017.

6. Chen Y N, Celikyilmaz A, Redmond W A. Deep Learning for Dialogue Systems. Proceedings of ACL 2017, Tutorial Abstracts(2017), 8-14.

7. Bunt H, Alexandersson J, Choe J W, et al. ISO 24617-2: A Semantically-based Standard for Dialogue Annotation, LREC. 2012: 430-437.

8. McCallum A, Freitag D, Pereira F C N. Maximum Entropy Markov Models for Information Extraction and Segmentation, ICML. 2000, 17: 591-598.

9. Liu B, Lane I. Attention-Based Recurrent Neural Network Models for Joint Intent Detection and Slot Filling. 2016.

10. Hakkani-Tür D, Tür G, Celikyilmaz A, et al. Multi-Domain Joint Semantic Frame Parsing Using Bi-Directional RNN-LSTM, INTERSPEECH. 2016: 715-719.

11. Young S, Gaši M, Thomson B, et al. Pomdp-based Statistical Spoken Dialog Systems: A review. Proceedings of the IEEE, 2013, 101(5): 1160-1179.

12. Young S, Keizer S, Mairesse F, et al. The Hidden Information State Model: A Practical Framework for POMDP-based Spoken Dialogue Management. Computer Speech & Language, 2010, 24(2):150-174.

13. Thomson B, Schatzmann J, Young S. Bayesian Update of Dialogue State for Robust Dialogue Systems, IEEE International Conference on Acoustics, Speech and Signal Processing. IEEE, 2008:4937-4940.

閒聊系統

▶ 5.1 閒聊系統概述

閒聊系統與問答系統、任務導向型對話系統，三者均為聊天機器人的典型應用，但其任務目標和實作方式均有所差別。目前，大量的聊天機器人產品定位於閒聊系統，如微軟推出的「小冰」。值得一提的是，2018 年 8 月 22 日第 6 代小冰發布後，微軟宣布小冰逐步進入完成狀態，達到了從人工智慧互動、初級感官再到進階感官的跨越，其核心對話引擎包括情緒識別、興趣分析、情感策略及主動回應模型，並全面利用生成模型與使用者對話。

雖然目前對於開放平台的接入還在逐步進行，不過已經可以看到微軟小冰在閒聊系統之外的諸多嘗試。比較早期的閒聊機器人，包括 2013 年的「小黃雞」，作為一款聊天機器人程式，上線後在人人網迅速竄紅，三天內累積增長 70 萬粉絲，日發送回覆量超過 70 萬。使用者只要在人人網主頁 @ 小黃雞，小黃雞就會自動回覆，並與他聊天。其主要功能是透過結合韓國聊天機器人平台 SimSimi 的開放 API，以及和人人

網介面的相連而達成。微軟小冰也有類似的嘗試，包括推出的 QQ 版本小冰機器人，以及微博小冰和微信小冰。同時，大量的聊天機器人硬體產品，基本上也都具備閒聊功能，例如小米音箱、天貓精靈、叮咚音箱等。

如同前文介紹的問答系統和任務導向型對話系統，根據具體實作方式，閒聊系統也可分為基於對話庫檢索，以及基於生成的閒聊系統，前面章節已說明過這兩種方法的優缺點。

（1）儘管基於對話庫檢索的閒聊系統，可以有效避免語法錯誤，但很難處理對話庫中不存在或者未預定義的問題。

（2）儘管基於生成的閒聊系統，比較能夠靈活整合上下文的資訊，但是生成模型的訓練需要大量標註資料，且難以避免安全回覆的問題，以及回答中可能出現不一致的問題或語法錯誤。

無論是基於檢索或是基於生成的方法，都能在系統中導入深度學習技術。由於端到端的深度學習結構非常適合產生文字，許多最新的研究工作，正試圖促進深度學習技術在此領域飛速的進展。但是實際上，由於基於生成的方法還處於發展的早期階段，其表現並不盡如人意，實際應用時更多還是使用基於檢索的模型。

▶ 5.2 基於對話庫檢索的閒聊系統

5.2.1 基於對話庫檢索的閒聊系統介紹

　　基於對話庫檢索的閒聊系統，指的是事先存在一個對話庫，閒聊系統收到使用者輸入的句子後，在對話庫透過搜尋比對的方式擷取回應的內容。由於使用者在真實場景的對話語料極為豐富，這種方式對對話庫中語料的數量和品質要求極高，必須儘量多地符合使用者問句。另外，因為對話庫儲存的都是真實的問答資料，所以這種方式的回覆品質較高、表達較自然。本質上，基於檢索技術的聊天機器人類似搜尋引擎，其工作流程是事先儲存對話庫並建立索引，然後根據使用者的輸入，在對話庫找出最合適的回覆內容。

　　基於檢索的閒聊技術主要使用比對的方法，這些方法的核心是：比較使用者問句 x 和對話庫中現有句子 y 的相似度，並進行排序、選出候選問句。傳統的做法是將句子表示成 one-hot 向量，然後求相似度。隨著深度學習技術的發展，句子的表示也常採用詞嵌入的方式，以便更完整地呈現句子的語意資訊。

　　目前主流的比對方法有兩種，一種是弱互動（weak interaction）模型，包括 DSSM[1]、ARC-I[2] 等演算法；另一種是強互動（strong interaction）模型，包括 ARC-II[2]、MatchPyramid[3]、DeepMatch 等演算法。兩種方法最重要的區別，是對句子 <x, y> 建模的過程不同，前者是單獨建模，後者則是聯合建模。下面將透過幾個經典的演算法加以闡述。

DSSM 演算法採用詞袋模型表示句子，如圖 5-1 所示，Q 代表待比對的句子，$D_1,\cdots,D_n$ 表示對話庫已有的句子。逐步對句子進行降維，在最後的 128 維向量上做相似度計算，進而選出最相似的句子。這就是極典型的弱互動模型。

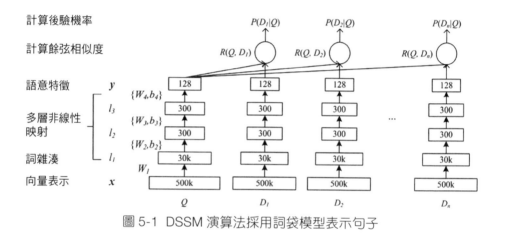

圖 5-1 DSSM 演算法採用詞袋模型表示句子

華為諾亞方舟實驗室於 2014 年發表論文 [2]，同時提出兩種模型，ARC-I 是弱互動模型，ARC-II 是強互動模型。如圖 5-2 所示，ARC-I 演算法先對句子單獨建模，最後透過一個多層感知機計算相似度。

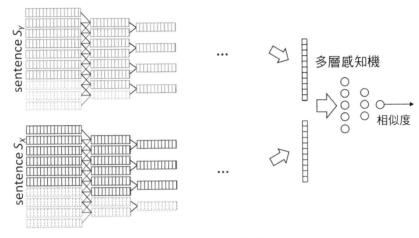

圖 5-2 ARC-I 演算法

ARC-II 演算法則是拼接句子的不同詞語組合，再去做更多的卷積和池化，最後得出相似度，如圖 5-3 所示。

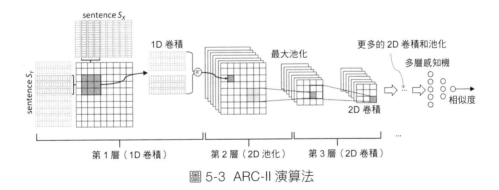

圖 5-3 ARC-II 演算法

另一個經典的強互動模型是 MatchPyramid，如圖 5-4 所示，同樣是在一開始就對句子進行聯合建模，然後透過多層卷積得到最終的相似度。

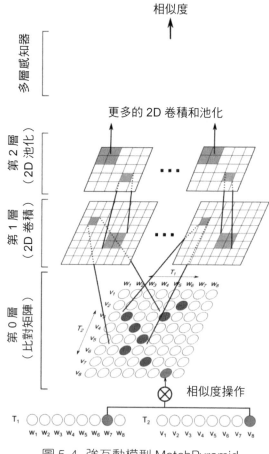

圖 5-4 強互動模型 MatchPyramid

5.2.2 對話庫的建立

目前,對話庫的建立方法有許多種,包括從電影劇本擷取對白、從小説取得對話內容,以及從網路社群提取對話庫等。舉例來說,開放對話庫 Ubuntu Dialogue Corpus(UDC)是 Lowe 等人 [4] 建立的公開資料集,也是目前可用、最大的公共對話資料集之一。該資料集是基於 IRC 網路 Ubuntu 頻道的對話資料,以及非結構化的社交媒體資料而來。目前許多聊天系統相關的工作,均是根據 UDC 資料集進行模型訓練和測試。

UDC 1.0 版本包含約 100 萬筆多輪對話資料,以及超過 700 萬筆回覆和超過 10 億個詞。UDC 2.0 以時間點為依據,將資料劃分為訓練資料、驗證資料和測試資料,允許使用者以過去的資料進行模擬訓練,進而預測未來的資料。此外,它還刪除 UDC 1.0 的分詞和指代消解等處理,而用特殊的符號表示這些資訊。同時,UDC 2.0 增加符號表示回覆的結束(__eou__)、多輪對話的結束(__eot__)、測試集和訓練集的分隔符號(__EOS__ 或 </s>)等。

如圖 5-5 所示,UDC 中標籤為 1 的回答是真正的回答,標籤為 0 的回答是從 UDC 隨機挑選出來的語句。

Context	Response	Flag
well, can I move the drives? __EOS__ ah not like that	I guess I could just get an enclosure and copy via USB	1
well, can I move the drives? __EOS__ ah not like that	you can use "ps ax" and "kill (PID #)"	0

圖 5-5 UDC 的資料範例

圖 5-6 是 UDC 句子長度分布的視覺化範例，從中發現絕大多數的句子是短句，同時大部分對話的長度也較短。

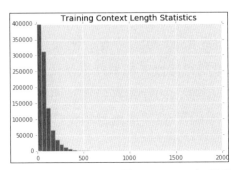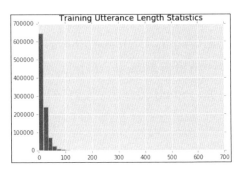

圖 5-6 UDC 句子長度分布的視覺化範例

有了對話資料，接下來就可以使用檢索的方法，針對使用者問句，取得相關的答復。

5.2.3 基於檢索的閒聊系統實作

基於檢索的閒聊系統，主要的設計概念是搜尋出與目前輸入語句最相近的對話庫語句，將該語句對應的內容作為系統回覆，達到自動產生閒聊回覆的目的。因此，檢索式閒聊系統的核心為句子的相似度比對。

為了方便解說，本節將用一個詳細的例子，介紹基於檢索的閒聊系統的實作流程。演算法流程大致包括兩個步驟：第 1 步，使用一個搜尋引擎（如 Elasticsearch[1]）篩選所有語料的粗細微性，獲得候選答案；第 2 步，使用比對演算法對候選答案進行精準排序，獲得候選答案中與輸入

---

1   https://www.elastic.co/products/elasticsearch

句子語意最接近的問句，並回傳對應的答句作為最終的回覆語句。接下來便詳細解釋這兩個步驟。

Elasticsearch 是一個分散式、可擴充、即時的搜尋與資料分析引擎，除了支援全文檢索外，還支援結構化搜尋、資料分析，以及一些更複雜的語言處理、地理位置和物件的關聯關係處理等。它可以快速地儲存、搜尋和分析巨量資料，也被維基百科、StackOverFlow、GitHub 等採用。Elasticsearch 的底層是開源搜尋庫 Lucene，並且加以封裝，對外則提供 RESTful 風格的 API 介面，使用上相當便捷。

Elasticsearch 在計算文字相關度時，採用了 Okapi BM25 演算法。BM25 演算法源自機率相關模型，而非向量空間模型，是針對傳統 TF-IDF 演算法的改進。介紹 BM25 演算法之前，首先闡述 TF-IDF 演算法的概念和計算公式。

TF-IDF 演算法包括兩個核心概念，第一個核心概念是 TF，它是指一個詞在某類文件中出現次數的比率。當一個詞出現的次數越多，通常說明其越重要。

$$\text{TF}(w) = \frac{\text{在某類文件中 } w \text{ 出現的次數}}{\text{該類全部文件中所有的詞彙數}}$$

另一個核心概念是 IDF，當包含某個詞的文件數量越少，代表該詞具有區分文件的能力，反之則不然。

$$\text{IDF}(w) = \log\left(\frac{\text{語料的文件總數}}{\text{包含詞語 } w \text{ 的文件數} +1}\right)$$

其中，分母加 1 是一種平滑方法，避免包含詞語 w 的文件數為 0 時，出現無法計算比值的問題。因此，TF-IDF 的公式為

$$\text{TF - IDF} = \text{TF} \cdot \text{IDF}$$

BM25 演算法同樣使用 TF、IDF 及欄位長度歸一化。與 TF-IDF 不同的是，它增加了可調參數 k_1 和 b。

k_1 代表詞頻飽和度（Term Frequency Saturation），用來控制飽和度變化的速率和上限。有一些詞如「的」、「了」在文件出現的頻率很高，其 TF 值也極高，以致於權重被過分放大。傳統的 TF-IDF 在計算時，通常會去掉這些詞（停用詞），BM25 演算法則認為這些詞雖然重要性低，但並非毫無用處，可透過參數 k_1 控制飽和度變化的速率和上限。k_1 值一般介於 1.2~2.0，數值越低，代表飽和的過程越快，在 Elasticsearch 中的預設值為 1.2。

b 代表欄位長度歸一化（Field-length Normalization），用來調整欄位長度對相關性影響的大小，它可以將欄位長度標準化到全部欄位的平均長度。BM25 演算法認為較短欄位比較長欄位更重要，但欄位中某個詞的頻度所帶來的重要性，會被這個欄位長度抵消，因此需要考慮欄位的平均長度。參數 b 的值在 0~1，1 代表全部歸一化，0 代表不進行歸一化。b 越大，欄位長度對相關性的影響越大，反之則越小。其在 Elasticsearch 中的預設值為 0.75。

如果用 Q 表示輸入的句子 Query，q_i 表示句子中的一個詞，d 表示一個候選文件（欄位），那麼 BM25 演算法的一般性公式為

$$\text{Score}(Q,d) = \sum_{i}^{n} W_i \cdot R(q_i, d)$$

其中 W_i 代表 q_i 的權重，通常以 IDF 表示。IDF 的計算公式為

$$IDF(q_i) = \log \frac{N - n(q_i) + 0.5}{n(q_i) + 0.5}$$

其中，N 代表全部文件數，$n(q_i)$ 代表包含 q_i 的文件數。

單詞 q_i 與文件 d 的相關性得分 $R(q_i,d)$，其計算公式為

$$R(q_i,d) = \frac{f_i \cdot (k_1 + 1)}{f_i + K}$$

$$K = k_1 \cdot (1 - b + b \cdot \frac{dl}{\text{avg}dl})$$

其中，dl 表示文件 d 的長度，$\text{avg}dl$ 代表所有文件的平均長度。綜合前文，BM25 演算法的公式為

$$Score(Q,d) = \sum_{i}^{n} IDF(q_i) \cdot \frac{f_i \cdot (k_1 + 1)}{f_i + k_1 \cdot (1 - b + b \cdot \frac{dl}{\text{avg}dl})}$$

由此得知，Elasticsearch 中的 BM25 是一種詞袋模型的演算法，並未考慮語意上的資訊，例如「我喜歡你」和「我不喜歡你」在語意上是相反的，但基於 BM25 演算法算出的相似度分值卻非常高。而對於「你很漂亮」和「你很好看」，由於「漂亮」和「好看」是兩個不同的詞，計算出的相似度分值便較低。為了最佳化檢索結果，通常會利用 Elasticsearch 對問答庫進行粗篩選，再結合後續的比對演算法排序並選擇候選答案。隨著詞嵌入方法的普及，比對演算法一般會先取得候選句子的向量表示，這類表示在一定程度上包含了語意資訊，進而透過向量之間的餘弦距離，計算出句子的語意相似度。

有很多種擷取句子向量的方法，下文將介紹幾種經典的句子向量表示方法。由於句子向量通常由詞向量透過監督方法或無監督方法獲得，因此介紹句子向量之前，先說明主流的詞向量表示模型。傳統基於上下文共現關係機率統計的詞向量模型有 Word2vec、GloVe。隨著深度學習的發展，另具代表性的詞向量有 FastText、ELMo、BERT 等。

由單詞向量取得句子向量的方法，最簡單的有：向量加和平均、向量極值法等，但是這些方法不能完整地獲取句子的特徵，而其他大多數方法屬於監督式學習模型，典型的有 Recursive Networks、Recurrent Networks、CNN、RCNN 等，主要針對有標籤標註資料的分類任務展開，不具有一般性。Sanjeev Arora[5] 提出一種無監督的句子向量表示方法，對傳統向量加和平均方法做了最佳化。它將詞頻因素作為句子中每個單詞向量的權重，並透過 PCA 或者 SVD 降維的方法，移除句子向量的無關部分以獲取核心內容。該方法只要提供一個大規模的文字用於統計詞頻即可，計算速度快，在多個資料集及多個 NLP 任務上，取得不亞給 RNN 和 LSTM 的表現。後來，不斷有研究者推出新的通用句子向量表示模型，其中最具代表性的有跳躍思維向量（Skip-Thought Vectors）[6] 和快速思維向量（Quick-Thought Vectors）[7]。

Jamie Kiros 等人於 2015 年發表的跳躍思維向量，是一個通用的無監督句子表示模型，該模型借鏡了 Word2vec 的 skip-gram 模型。不同的是，skip-gram 模型透過目前詞預測上一個和下一個詞，而 Skip-Thought 則透過目前句子預測上一個和下一個句子。模型採用端到端框架，將大量包含上下文的純文字資料作為訓練資料集，輸入資料格式是一個包含上下文、三個句子的集合，並把模型中 Encoder 部分作為特徵提取器（feature extractor），為任意句子產生向量。特別的是，Skip-Thought 借

用 Tomas Mikolov [8] 解決機器翻譯中缺失詞的概念，提出一種詞彙表擴充的方法，將一個基於大規模資料集、Word2vec 訓練的詞向量，映射到 Skip-Thought 的詞向量中，解決了未登錄詞（Out-Of-Vocabulary，OOV）的問題。

快速思維向量是跳躍思維向量的改進版，於 2018 年提出。其核心概念與跳躍思維向量相同，不同之處在於 Quick-Thought 的解碼器，由一個生成模型轉變為分類模型。因此，指定前一句話預測下一句話的任務，被重新定義為一個分類任務，分類器需要在一組候選答案中，選擇一個合適的句子作為下一句的預測輸出。從理論上來說，該模型將生成問題做了區分性近似取值。最大的好處是模型的訓練速度比 Skip-Thought 快一個等級，在訓練大規模資料集時，可說是一個非常好的候選方案。

綜合上述，基於檢索的閒聊系統，透過組合 Elasticsearch 搜尋引擎和句子向量模型，完成針對輸入問句的相似度檢索，並且回傳問答庫中最相似問句的答句，以作為輸入問句的閒聊回覆，整體流程如演算法 5-1 所示。

演算法 5-1　基於檢索的閒聊系統實作流程

輸入：問答庫語料資料 P

　　　　大規模文字資料集 C

　　　　輸入問句 S

過程

1.　將全部對話語料 P 存入 Elasticsearch 資料庫，自動產生索引。

2. 利用大規模文字資料集訓練詞向量，進而選擇任意一種句子向量生成方法，以取得句子向量模型。

3. 輸入句子 S，透過 Elasticsearch 搜尋引擎取得候選相似問句集合 A。

4. 由句子向量模型，分別為輸入句子 S，以及候選相似問句集合 A 產生句子向量。

5. 分別計算 S 與每一個 $a_i \in A$ 的餘弦相似度，獲得相似度分值 $\mathrm{Score}(S, a_i)$。

6. 根據 Score 排序候選答案，選擇最佳相似問句，並以該問句的答句作為輸入問句的閒聊回覆。

輸出：輸入問句 S 的閒聊回覆

▶ 5.3 基於生成的閒聊系統

5.3.1 基於生成的閒聊系統介紹

基於生成的閒聊系統，較基於對話庫檢索的閒聊系統更複雜，它能夠透過已有的語料產生新文字作為回答。基於生成的閒聊系統，通常利用與機器翻譯相關的技術，但是並非把一種語言翻譯成另一種語言，而是將輸入文字「翻譯」成輸出文字（回答）。

生成式聊天機器人在收到使用者輸入的句子後，將採用一定的技術手段自動產生一句話作為回應。好處是可以涵蓋任意話題的使用者問句，缺點則是產生的句子品質有可能存在問題，諸如語句不通順、語法錯誤等看上去比較基本的錯誤。

　　生成式聊天機器人系統，透過建構端到端的深度學習模型，從巨量對話資料中自動學習「問題」和「回覆」之間的語意關聯，進而達到對任何問題都能自動產生回覆的目的。請注意，端到端的生成模型往往會出現安全回答、機器人個性不一致，以及多輪對話中對話的連續性問題。簡單來說，生成式聊天機器人系統對於輸入的句子，首先是以遞歸神經網路進行編碼，然後藉由解碼輸出對應回覆句子的每個詞。在圖 5-7 中，系統先編碼輸入的句子，然後利用編碼指導詞的輸出，輸出時既考慮原始句子的編碼，也加上不同層級的注意力機制，最後傳遞輸出，直到輸出詞尾 [9]。

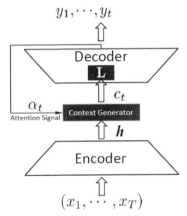

圖 5-7　用於句子生成的編解碼示意圖

　　實際操作中，生成句子時若將所有詞都視為等價並不合適，因為與輸入句子或聊天主題關係更密切的詞，擁有較高的權重較符合人類的認知。參考基於對話庫檢索的閒聊系統，在處理一則提問對應到多筆回答時使用的方法，為了在輸出的機率方面，呈現出哪個詞與主題的相關性更高，於是考慮將注意力模型嵌入編解碼過程。另外，為了克服以傳統

的 RNN 及注意力模型建立的生成式閒聊系統，其中存在回答過於枯燥的問題，當實際操作時，往往要利用外部知識豐富回答。

一種常用、基於外部知識提高回覆多樣性的方法是主題詞增義，亦即在以一般端到端方法預測回覆的單詞序列時，透過增強與輸入句子有關的主題詞，對主題詞進行編碼，並預測輸出的單詞序列。藉由應用上述的方法，除了來源端的資訊外，回覆的詞還受到主題詞的制約。

微軟發布的聊天機器人小冰，在一定程度上採用了生成式回覆技術，其框架如圖 5-8 所示。

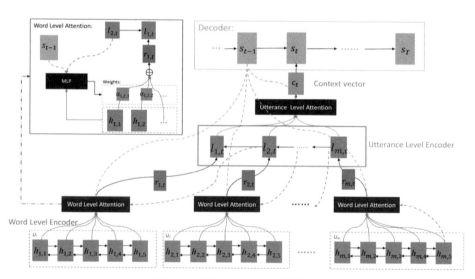

圖 5-8 微軟小冰的技術框架

透過 RNN 將輸入句子編碼成向量，同時利用話題模型導入話題資訊，在解碼的過程中，則利用編碼向量和話題資訊產生對應的回覆。藉由導入注意力機制，輸入的每個向量和話題關鍵字都進行加權處理，以使重要資訊對回覆產生更大的影響。

5.3.2 生成式閒聊系統的新發展

　　為了克服生成式閒聊系統的缺陷，提升其效果，研究人員在安全回答、個性一致、對話連續性 3 個方向，進行了研究與改善。

　　Cho 等人 [10] 是較早提出 Encoder-Decoder 模型的研究人員，此模型最初應用於機器翻譯中。演算法的大致概念為：每次向 Encoder 的 RNN cell 輸入一個詞的詞向量，Encoder 則依序編碼輸入的詞向量，直至得到整個句子的語意向量表示，然後由 Decoder 根據句子的語意向量表示，輸出目標回覆。

　　2014 年，發布了對生成式聊天機器人具有深遠影響的 seq2seq。它克服 RNN 無法完成端到端映射的缺陷。Sutskever 等人 [11] 透過 LSTM 方法，將輸入的序列映射為固定長度的向量，然後使用深度 LSTM 從已知的向量中解碼，以得到目標輸出序列。Sutskever 等人將 seq2seq 應用於英語和法語之間的機器翻譯，並利用 BLUE 方法檢驗模型的效能。下面結合論文中的示意圖，介紹 seq2seq 方法的大致觀念。

　　假設輸入序列是「ABC」，目標輸出序列是「WXYZ」，<EOS> 是 end of Sentence 的縮寫。Encoder LSTM 每次讀取一個單詞的詞向量，接著進行編碼，當「ABC」均被輸入後，Encoder LSTM 便產生可以表示「ABC」序列、一定長度的向量 c。然後，Decoder LSTM 根據向量 c，每次預測一個下一時刻的詞彙。如圖 5-9 所示，輸入「ABC」的結束標誌後，預測出「W」，然後依序是「X」、「Y」、「Z」和結束標誌。

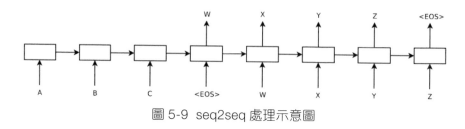

圖 5-9 seq2seq 處理示意圖

實際使用上述的 seq2seq 方法時，有 3 個主要的缺陷。

（1）難以保持機器人個性的一致性，當使用者輸入「你幾歲了」和「你今年多大了」時，機器人往往提供不同的答案。

（2）機器人時常提供「哈哈」「呵呵」等無意義的安全回答。出現安全回答，是因為訓練資料中（人與人實際交往時）較頻繁使用這些詞，導致機器學習的過程中較容易抽取這類回答。

（3）長對話語意的保存或機器人的記憶問題，如代詞指代較遠位置上文中的內容，機器人難以像人腦一樣順利進行指代消解。

前幾章在敘述聊天機器人與深度學習相關的內容時，業已初步闡釋上述 3 個問題出現的原因與導致的結果等，下面分別說明這 3 個問題的研究進展。

2016 年，史丹佛大學和微軟研究院的研究人員，共同發布基於個性的神經聊天機器人模型 [12]，透過在 Encoder 增加使用者個性資訊（使用者向量，在生成詞嵌入的過程中同時產生），以及使用者回覆資訊（預測使用者回覆另一個人時的回覆，實際上是透過對使用者 i 的向量和使用者 j 的向量，做線性組合變換，以對使用者 i 回覆使用者 j 的行為進行建模），解決聊天過程機器人個性一致性的問題。2017 年，李紀為博士等人 [13] 發表名為 *Adversarial Learning for Neural Dialogue Generation*

的論文。在這篇論文中，李紀為博士等人將回覆生成問題作為強化學習問題，使用對抗生成的概念訓練生成模型。Serban 等人 [14] 將端到端的分層 RNN 概念，導入開放領域的回覆生成問題，同時在句子層面和對話語境層面進行建模，透過建立長對話向量，協助機器記憶長對話的語意。

因為人在說話的時候會考慮上下文，不是只看目前的一句話。生成模型也一樣，需要考量多輪對話的資訊，所以，它對 session 進行編碼、以 session 預測輸出的回覆，在多輪對話中有顯著的意義。例如，可以使用多層感知方法模擬多輪對話。這種多層感知方法會分別編碼之前出現的所有句子，每個編碼都能體現整個句子的資訊，再透過注意力模型與目標連接，預測時則藉由基於句子的注意力模型，對回覆進行預測。

基於生成的閒聊系統，在避免安全回答、個性一致和上下文建模 3 個方向，具有較大的改進空間和可塑性。

在上下文建模方面，Xing 等人的研究 [15]，提出一種解決多輪對話上下文建模的觀念和方案，透過建構多層的注意力框架，同時擷取詞向量和句子向量，以確保所有上下文有效資訊均被提取，進而提升閒聊系統在多輪對話的整體表現。

上面提到聊天機器人表現出來的安全回答問題、個性一致性問題和上下文連貫性問題，可說是目前行業公認聊天機器人的主要問題，這些問題帶來了不良的使用者經驗。Facebook 的研究人員認為，如果有一種較高品質、公開的聊天資料集，前述問題就能得到比較好的解決。因此，Facebook 的工程師建立聊天資料集 Persona-Chat，用來訓練聊天機器人。Persona-Chat 資料集包含超過 16 萬筆對話。

5.3.3 基於生成的閒聊系統實作

本節藉助 TensorFlow 提供的 seq2seq[2] 模型，實作基於生成的閒聊系統。為了方便說明，在 TensorFlow 的 seq2seq 模型中，詞嵌入採用的是 one-hot 編碼方式，亦即每個詞由一個獨立的數字代碼取代。這種詞的表示方式雖然會影響模型效果，但在展示時會更加直觀。

使用 TensorFlow 的 seq2seq 模型前，先匯入下列程式庫。

```
import tensorflow as tf
from tensorflow.models.rnn.translate import seq2seq_model
```

seq2seq 模型位於「tensorflow/tensorflow/python/ops/seq2seq.py」目錄下。

演算法 5-2 利用 TensorFlow 提供的 seq2seq 模型，實作生成式閒聊對話

輸入：訓練語料集

過程：

1. 預處理訓練資料，包括基本的分詞、去停用詞等。
2. 語句轉成特徵向量，以 one-hot 編碼方式對詞彙進行映射。
3. 輸入資料，訓練模型。
4. 模型驗證。

輸出：訓練完畢的 seq2seq 模型

2　https://www.tensorflow.org/tutorials/seq2seq

　　如演算法 5-2 所示，模型先預處理訓練語料的文字，包括典型的分詞、去停用詞等。同時，為了提升泛化能力、增強模型效果，可以將一些實體進行通用的標識，例如把人名替換為「name」、地名替換為「location」等。接著建立詞表，並以 one-hot 編碼方式對詞進行編碼，例如將「喜歡」映射為「67」、將「電視」映射為「88」。因此，各個語句就轉換成由數字編碼所組成的向量形式，如圖 5-10 所示。

```
1   18 52 30
2   13 748 10 54 18 63 688 76 145 380
3   14 28 111 54 53 110 20 544 664 38
4   23
5   2869 793
6   23 362 23 459
7   4 209 6 459 13 111
8   375 291 1002 29
9   495 791 495 791 22 22
10  2622 2238 52 182
11  405 228 4 23
12  13 53 84 63 148 57
13  4 112 43 205 36 82
14  405 729 64 17 88
```

圖 5-10　one-hot 編碼範例

　　到目前為止，整體的資料預處理工作結束，訓練資料可以被 TensorFlow 的 seq2seq 模型接受。下一步是訓練模型，神經網路透過輸入的問答對自動調整參數，產生問題 - 回答模型。在模型驗證階段，輸入測試語句，驗證模型輸出是否正確，其結果如圖 5-11 所示。

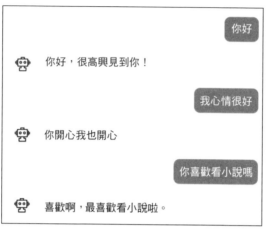

圖 5-11 基於生成的閒聊系統實作與結果

▶ 5.4 參考文獻

1. Huang P S , He X , Gao J , et al. Learning Deep Structured Semantic Models for Web Search Using Clickthrough Data.Proceedings of the 22nd ACM International Conference on Conference on Information & Knowledge Management. ACM, 2013.

2. Hu B , Lu Z , Li H , et al. Convolutional Neural Network Architectures for Matching Natural Language Sentences. 2015.

3. Pang L , Lan Y , Guo J , et al. Text Matching as Image Recognition. 2016.

4. Lowe R, Pow N, Serban I, et al. The Ubuntu Dialogue Corpus: A Large Dataset for Research in Unstructured Multi-Turn Dialogue Systems. Computer Science, 2015.

5. Arora S, Liang Y, Ma T. A Simple But Tough-to-beat Baseline for Sentence Embeddings. 2016.

6. Kiros R, Zhu Y, Salakhutdinov R R, et al. Skip-thought Vectors.Advances in Neural Information Processing Systems. 2015: 3294-3302.

7. Logeswaran L, Lee H. An Efficient Framework for Learning Sentence Representations. arXiv preprint arXiv:1803.02893, 2018.

8. Mikolov T, Le Q V, Sutskever I. Exploiting Similarities among Languages for Machine Translation. arXiv preprint arXiv:1309.4168, 2013.

9. L. Shang, et al, Neural Responding Machine for Short-Text Conversation, ACL 2015.

10. K. Cho, B. Van Merrienboer, C. Gulcehre, et al. Learning Phrase Representations using RNN Encoder-Decoder for Statistical Machine Translation, Computer Science, 2014.

11. I. Sutskever, O. Vinyals, Q. V. Le, Sequence to Sequence Learning with Neural Networks, vol. 4, pp. 3104-3112, 2014.

12. J. Li, M. Galley, C. Brockett, et al. A Persona-Based Neural Conversation Model, 2016.

13. J. Li, W. Monroe, T. Shi, et al. Adversarial Learning for Neural Dialogue Generation, 2017.

14. I. V. Serban, A. Sordoni, Y. Bengio, et al. Building End-to-end Dialogue Systems Using Generative Hierarchical Neural Network Models. 2015.

15. Xing C, Wu W, Wu Y, et al. Hierarchical Recurrent Attention Network for Response Generation. 2017.

聊天機器人系統評測

▶ 6.1 問答系統評測

　　客觀及科學地評測問答系統、對話系統和閒聊系統的效能，可說是評估聊天機器人智慧程度的關鍵問題之一；而評測資料集既是衡量和評估聊天機器人系統效能的基礎，也是很多商業系統取勝的法寶。一般來說，由於商業競爭和隱私保護的原因，不會輕易公開標註後的真實資料和產生的評測資料集。對聊天機器人的業者來說，缺乏高品質對話資料集是普遍難題。

　　目前，就問答系統來說，公開的評測會議主要有 TREC QA Track、NTCIR 的 QA 評測、QALD 評測、INEX Linked Data 評測、Semantic Search 挑戰、Bio ASQ、EPCQA 等。針對對話系統最有影響力的評測，是由微軟公司發起的 DSTC 評測。6.1 節和 6.2 節將分別介紹問答系統評測和對話系統評測。

6.1.1 問答系統評測會議

1 TREC QA Track

1999 年，文字檢索會議（Text REtrieval Conference，TREC）[1] 導入問答系統專項評測（Question Answering Track，QA Track）：TREC QA Track 是針對英文問答的評測平台，從 1999 年至 2018 年共開辦了 13 屆，主要針對事實性問題進行問答，每年會議會提供包含幾百個問題和答案的資料集，以評量參賽的系統。TREC 的主要組成部分如圖 6-1 所示。

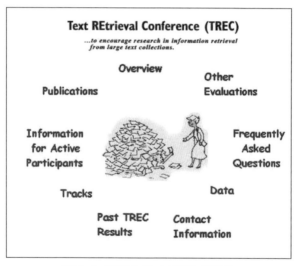

圖 6-1 TREC 的主要組成部分

雖然每年的任務都有變化，但整體來說主要有以下幾類。

---

1   https://trec.nist.gov

（1）Factoid 類：測試系統對基於事實、有簡短答案的提問的處理能力。例如伯利茲城坐落在哪裡（Where is Belize located），但不包含需要總結、概括類的問題，例如如何辦理出國手續。

（2）List 類：要求系統列出滿足條件的幾個答案。TREC 2003 要求系統盡可能提供滿足條件的實例，例如手機製造商列表（List the names of cell phone manufacturers）。

（3）Definition 類：要求系統提供某個概念、術語或現象的定義和解釋。例如寶萊塢是什麼（What is Bollywood）。

（4）Context 類：測試系統對相關系列提問的處理能力，亦即對提問 i 的回答，依賴於對提問 j（i 依賴於 j）的理解。例如：

　　a. 佛羅倫斯的哪家博物館，在 1993 年遭到炸彈的摧毀？

　　b. 這次爆炸發生在哪一天？

　　c. 有多少人在這次爆炸中受傷？

（5）Passage 類：從 TREC 2003 開始出現的任務。和其他任務不同的是，這類任務對答案的要求偏低，不需要系統提供精確答案，只要一小段包含答案的文字（a small chunk of text that contains an answer）即可。

（6）Other 類：TREC 2004 定義的任務。TREC 2004 的測試集包括 65 個目標，每個目標由數個 Factoid 問題、0 ～ 2 個 List 問題和 1 個 Other 問題組成。其中，Other 問題的答案應該是一個非空、無序的、無限定的關於此目標的描述，且不包括 Factoid、List 問題已經回答的內容。

TREC QA Track 的主要評測指標有平均倒數排序（Mean Reciprocal Rank，MRR）、正確率（Accuracy）、置信加權評分（Confidence Weighted Score，CWS）等。

從 2015 年開始，TREC QA Track 開始著重問題的即時性，參加比賽的系統必須回答最新、最真實的使用者問題。這些問題來自 Yahoo!Answers 的真實提問，若某個提問沒有即時被其他線民回答，則該問題會自動分配給參賽系統。從 2015 年到 2018 年，TREC QA Track Live 已經開辦了 4 次。

TREC LiveQA 2015[2] 的任務主題有 Arts&Humanities、Beauty&Style、Computers&Internet、Health、Home&Garden、Pets、Sports、Travel 等。TREC LiveQA 2016[3] 的任務主題與 TREC LiveQA 2015 基本相同，除了去除評估難度過大的 Computer&Internet 類問題。TREC LiveQA 2017[4] 的主要任務，還是來自 TREC LiveQA 2015 和 TREC LiveQA 2016，同時也採用前兩年的資料集，主要變化是增加專門針對醫療的子任務（medical subtask）。

TREC QA Track 的貢獻，主要有以下兩點。

（1）TREC QA Track 每年都會提供 500 道左右的測試問題，經過將近 10 年的評測，業已建立起含有數千道問題的題庫。這些問題、答案、答案範本和證據，組成此後自動問答研究的標準語

2　https://sites.google.com/site/trecliveqa2015/

3　https://sites.google.com/site/trecliveqa2016/

4　https://sites.google.com/site/trecliveqa2017/

料庫，大幅促進自動問答的研究水準。

（2）TREC QA Track 評測的另一項貢獻，是提出適用於 QA 的評價指標。第一種指標是正確率（回答正確的問題佔問題總數的百分比）。在系統僅為每個問題提供一個答案時，可用這項指標進行評測（2003 年和 2004 年的問答評測都使用了該指標）。2007 年的問答評測則採用正確率的一種變體，即將答案是否正確，進一步細化為全域正確、局部正確（文件集存在該答案，但該答案並非是整個文件集的最佳答案）、不確切（與正確答案有交集）、不正確、不支持（答案正確，但提供的證據不支持答案）這 5 種結果，並為每種結果設定不同的權重。

② NTCIR 的問答評測

NTCIR 的全稱是 NII Testbeds and Community for Information access Research。NTCIR Workshop[5] 是一系列專門為提升資訊存取技術（Information Access Technology）而設計的評測研討會，包含資訊檢索、問答、文字摘要提取（Text Summarization Extraction）等任務。從 NTCIR-3 2001 年開始，NTCIR 加入問答評測的內容，範圍主要來自日本《每日新聞》（*Mainichi Newspaper*）中的文章。日語問答評測平台 QAC（Question Answering Challenge）從 2002 年開始，QAC-1（NTCIR-3）定義的 3 個子任務如下。

任務 1：共 100 個問題，系統為每個問題列出 5 個按機率大小排列的答案；採用 MRR 評分標準；系統必須提供支援每個答案的全部文件。

5　http://research.nii.ac.jp/ntcir/workshop/index.html

任務 2：共 100 個問題，每個問題只能有一個答案，且系統必須提供支援該答案的全部文件。

任務 3：評測系統對關聯問題的處理能力；關聯問題是指問題之間可能有互指關係、省略等，類似於 TREC 的 Context Task；系統必須提供支援每個答案的文件。

從 NTCIR-3 到 NTCIR-6 連續開辦 4 期 QAC 任務，每期的任務類別基本上相同，僅評測問題的著重點有所差別。

NTCIR-7 和 NTCIR-8，從原來僅針對事實類的問答評測，轉向跨語言的資訊存取，即 Advanced Cross-Lingual Information Access（ACLIA）。IR 往往是 QA 任務中不可分割的重要方法之一，因此將 QA 和 IR 歸類到一個大任務下，分為 QA 和 IR 兩個方向的子任務。

1）複雜跨語言問答子任務〔Complex Cross-lingual Question Answering（CCLQA）subtask〕

前 4 期 QAC 問答只針對較簡單的事實性問答。為了進一步豐富問答評測的效果，CCLQA 將融入更複雜的問答，同時完成跨語言問答，以及多語言的答案融合。

2）資訊檢索問答子任務〔IR for QA（IR4QA）subtask〕

針對先前 CLIR（Cross-Lingual Information Retrieval Task）任務的發展，以 XML 形式規範輸入與輸出，因此可以將原來的 CLIR 元件融合到 CCLQA 評測中。同時，根據 CCLQA 評測結果的好壞，還能進一步衡量 CLIR 元件自身的優缺。

NTCIR-9 和 NTCIR-10 針對問答的評測又發生變化，文字中的推理識別〔Recognizing Inference in TExt（RITE）〕任務，作為一個在各種 NLP／資訊存取研究領域（例如資訊檢索、問答、文字摘要）中，負責常見語意處理的通用基準任務，區分為二分類子任務〔Binary-Class（BC）subtask〕、多分類子任務〔Multi-Class（MC）subtask〕、入學考試子任務〔Entrance Exam subtask（Japanese Only）〕，以及文字中的推理識別子任務（RITE4QA subtask）等 4 項子任務。

從 NTCIR-11（2013—2014 年）開始，NTCIR 將問答發展到 QA Lab，QA Lab 的目標是提供一個基於模組的平台，應用於系統效能評估和比較，以解決更實際的問題：大學入學考試問題。QA Lab 提供的問答系統框架，共分為 4 個部分（如圖 6-2 所示）：問題分析、文件檢索（Document Retrieval）、提取候選答案（Extracting Answer Candidates）和答案生成（Answer Generation）。

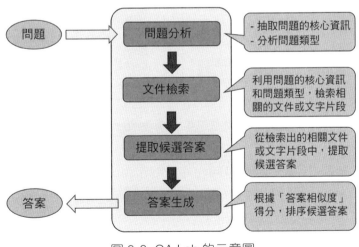

圖 6-2 QA Lab 的示意圖

不同於 TREC QA Track，直至最新的 NTCIR-14（2018—2019年），NTCIR 每次的任務題型大致上相同[6]，主要分為以下 3 類：

（1）多選題（multiple-choice questions）。

（2）術語問題（term questions）。

（3）問答題（essay questions）。

NTCIR 的問答系統評測框架，如圖 6-3 所示。

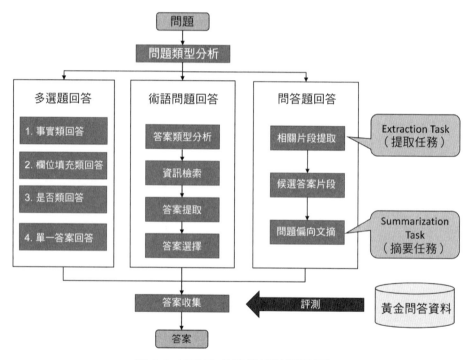

圖 6-3 NTCIR 的問答系統評測框架

6　http://research.nii.ac.jp/qalab/task.html

如圖 6-3 所示，輸入問題、透過問題類型分析模組確定問題的類型，然後分別進入不同的模組，進行問題答案的搜集；由於問答題比較複雜且難以評測，NTCIR 又增加了提取任務和摘要任務兩個子任務模組。參賽者藉助黃金問答資料對訓練問答系統，並進行評測和最佳化，最終取得問題對應的答案。

3 CLEF 的 QALD 評測

CLEF 評 測 的 一 般 場 景 是 CLEF QA Track（CLEF Question Answering Track），主要針對兩類任務：一類是（生物醫學）醫學專家任務，另一類則是關於開放領域（QALD 和入學考試）的任務。

這裡僅著重介紹與聊天機器人問答系統密切相關、QALD 針對 KBQA[7] 的評測。QALD 是一系列多語連結資料問答系統的評測競賽活動，屬於 CLEF（CLEF Question Answering Track）針對 KBQA 系統的問答評測任務。QALD 評測框架如圖 6-4 所示。

7　http://nlp.uned.es/clef-qa/

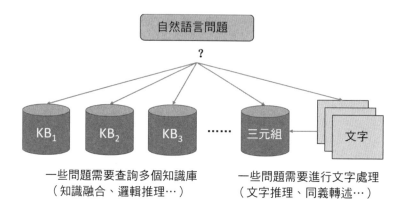

圖 6-4 QALD 評測框架

　　QALD 的主要目的是提供一個統一的評測標準，以深入分析語意問答系統的優缺點。QALD 評測系統的輸入，可以是自然語言或 RDF 格式的資料，根據資料集、相關的知識來源，以及自然語言的問題或關鍵字，問答系統直接回傳一個正確答案，或者一段用來檢索答案的 SPARQL 查詢語句。

　　QALD 自 2011 年開始到現在，一共舉辦了 8 次競賽，從 QALD-1 到 QALD-7 均 是 在 ESWC（Multilinguality、Semantic Web、Human-Machine-Interfaces）會議上舉行。從 QALD-8 到即將開始的 QALD-9，則 在 ISWC（International Semantic Web Conference）會議的 NLIWoD（Natural Language Interfaces for Web of Data）研討會上舉行。

QALD 競賽的主要任務有如下 3 類。

- 多語問答，基於 DBpedia
- 混合問答，基於 RDF 和非結構化的自由文字資料
- 問答基於 RDF 多維度資料集（data cubes）的統計資料

為了建立一個統一的基準，QALD 由以下基本成分組成。

（1）資料集：一個 RDF 格式、連結資料的資源。資料的主要來源是 DBpedia[8]、Yago[9] 和 MusicBrainz[10]。

（2）Gold standard：一些自然語言問題被標註成對應的 SPARQL 序列和答案，以供訓練和評測。圖 6-5 展示一個 XML 格式的訓練集。

（3）評測方法：包括一系列程式和指標，用來衡量參賽系統的表現。QALD 的評測指標包括召回率、精確率和 F- 測度。

（4）基本構成：由一個 SPARQL 端點（SPARQL endpoint）和一個線上評測工具組成，用來評估參賽系統回饋答案的正確性。

8　http://dbpedia.org

9　http://www.mpi-inf.mpg.de/yago-naga/yago/

10　https://musicbrainz.org

```
<question id="36" answertype="resource" aggregation="false" onlydbo="false">
  <string>Through which countries does the Yenisei river flow?</string>
  <keywords>Yenisei river, flow through, country</keywords>
  <query>
  PREFIX res:  <http://dbpedia.org/resource/>
  PREFIX dbp:  <http://dbpedia.org/property/>
  SELECT DISTINCT ?uri ?string WHERE {
       res:Yenisei_River dbp:country ?uri .
       OPTIONAL {?uri rdfs:label ?string . FILTER (lang(?string) = "en") }
  }
  </query>
  <answers>
    <answer>
     <uri>http://dbpedia.org/resource/Mongolia</uri>
     <string>Mongolia</string>
    </answer>
    <answer>
     <uri>http://dbpedia.org/resource/Russia</uri>
     <string>Russia</string>
    </answer>
  </answers>
</question>
```

Figure 1: A query example from the QALD-2 DBpedia training set in the specified XML format.

圖 6-5 XML 格式的訓練集範例

4 INEX Linked Data Track

INEX Linked Data Track 在 2011—2013 年每年舉辦一次，共開展了 3 屆，其評測重點是結合文字和結構化的資料。

INEX Linked Data Track 的資料集

- 英文維基百科（MediaWiki XML Format）
- DBpedia 3.8 & Yago2（RDF）

INEX Linked Data Track 的評測任務

- Ad-hoc 任務：對於關鍵字查詢格式的請求，回傳一個排序後的結果列表，以作為針對查詢請求的回應（共包括 144 個查詢主題）。

■ Jeopardy 任務：根據一組自然語言 Jeopardy 線索，評量檢索技術的效果（2012 年的任務包括 74 個檢索主題，2013 年的任務包括 31 個檢索主題）。

5 Semantic Search 挑戰 [11]

Semantic Search 挑戰的重點，在於關聯式資料集的實體連結與檢索。

■ 資料集是從公開來源擷取的三元組連結資料。

■ 任務主要包括實體檢索和清單檢索。實體檢索是指查詢一個特定的實體，例如問加州洛杉磯、IBM、紐約的郵遞區號等問題。清單檢索是查詢與特定標準相符的物件，查詢條件由組委會人員手工編寫；例如，列舉 10 個古希臘城市、以葡萄牙語為官方語言的國家等。

6 Bio ASQ Workshop

Bio ASQ Workshop 的資料集

■ PubMed 文件

Bio ASQ Workshop 的 3 個任務

■ 大規模線上生物醫學領域語意索引
在這項任務中，參賽者需要標註和分類新的、未標註的公開醫學文件，任務將對標註結果的表現進行評測。

---

11 http://semsearch.yahoo.com/datasets.php#

- 介紹性的生物醫學領域語意問答

  此任務利用基準資料集中包含的開發和測試問題，以及最標準的答案，組成一個醫學專家系統。參賽者需要從制定的資源中尋找答案，並回傳相關的概念、文章、段落及 RDF 三元組。

- 基於生物醫學文獻的資訊存取

  在這項任務中，參賽者的系統需要從 PubMed Central 提供的檔案中，提取全部的候選序號和候選內容，由 PubMed Central 的參考標註結果，進而評測參賽系統的資訊存取表現。

7 EPCQA——中文問答評測 [1]

中文問答系統的評測起步較晚，一直沒有一種公認的評測系統及評估方法。作為嘗試，中科院自動化所建立一個中文問答系統評測平台（EPCQA），其語料庫、測試集和評分標準參考 TREC QA Track 和 CLEF 的成功經驗，並結合中文的特點做了適當的調整。

EPCQA 的語料庫大小約為 1.8GB，內容主要來自網際網路網頁，涉及國內外、娛樂、體育、社會和財經等領域。EPCQA 測試集的建立遵循全面性、真實性和無歧義性 3 個原則，包含 4250 個有關事實、列表和描述類問題，資料來源的管道主要有自然語言搜尋網站日誌、百科知識問答題庫、實驗室工作人員、英語提問的翻譯等。其中，疑問詞的提問、表達模糊的提問、回答內容為完成某件事的過程而非簡短答案的提問等類型的問題，不作為考察的範圍。

百科知識問答題庫中，它的問題描述都很書面化，無法直觀地反映使用者真實提問的場景。因此，EPCQA 對問題進行了一些口語化的處

理。例如，將其中的提問「空氣的主要組成成分是氮氣、氧氣、二氧化碳和其他稀有氣體，其中氧氣所佔的百分比是多少」，處理成「氧氣佔空氣的比重是多少」。

同時，對英語問題庫的「翻譯」，也是取得中文問答系統測試集另一個非常重要的途徑。其中，問句的來源主要是歷屆 TREC 比賽的測試集。這裡的「翻譯」並不全是對英語問題的直譯，還需要對部分可能中文找不出答案的問題，在不改變問題類型的情況下做適當的修改，例如：

英語問題：Who wrote "East is east, west is west and never the twain shall meet"？

對應的中文問題：名著《紅樓夢》是誰的作品？

英語問題：What is the name of CEO of Apricot Computer？

對應的中文問題：聯想公司的 CEO 叫什麼名字？

針對不同類型的問題，EPCQA 使用不同的評分標準。EPCQA 初步擬定，事實提問採用 MRR 評分標準，參考 TREC。清單提問則採用實例召回率（Instance Recall）、實例精確率（Instance Precision）、F-Measure（F1）等評分準則，參考 CLEF。對每一個問題，評測系統會列出一個基本資訊，以及可接受資訊的清單。基本資訊是指該問題的答案必須包含的部分；可接受資訊是指可以構成一個正確答案的可選內容，但不是必需的資訊。答案中超出基本資訊和可接受資訊的部分，會在評分體系中扣分。EPCQA 還未發展成熟，它設想的發展階段為命名實體階段、組塊階段、句群階段和摘要階段。

6.1.2 問答系統評測資料集

◉ TREC QA Track Data[12] 資料集

■ 每屆會議包括幾百個問題的答案的資料集。

■ TERC 1999 ～ TERC 2007 的資料來源，主要是 FAQ Finder 的系統日誌、TIPSTER 和 TREC disks 的報紙新聞文章及 AQUAINT disks。

■ TERC 2015 ～ TREC 2017 的問題，來自 Yahoo!Answers 上使用者提出的真實問題。

■ TERC-8 的 200 個問題，主要來自 NIST assessors 及 FAQ Finder 的系統日誌檔。

■ TREC-9 (2000) 的資料，主要來自 TIPSTER 和 TREC disks 的報紙新聞文章，如 *AP newswire* (Disks 1-3)、*The Wall Street Journal* (Disks 1-2)、*San Jose Mercury News* (Disk 3)、*Financial Times* (Disk 4)、*Los Angeles Times* (Disk 5)、*Foreign Broadcast Information Service (FBIS)* (Disk 5) 等。

■ TREC-10(2001) 的資料與 TREC-9 相同。

■ TREC-10(2002) 的資料來自 AQUAINT disks 的文件，主要問題來自微軟 MSNSearch logs 和 AskJeeves logs。

■ TREC-11(2003)、TREC-12(2004) 的資料與 TREC-10(2002) 相同。

◉ Free917

■ 主要使用來自 Freebase 的資料，共包含 917 個標註邏輯運算式的問題。

12　http://trec.nist.gov/data/qamain.html

- ▣ WebQuestions
  - ▪ 主要使用來自 Freebase 的資料，包含 5810 組問題對，詞彙表包含 4525 個詞，問題主要透過 Google Suggest API 抓取。
  - ▪ 利用 Amazon Mechanical Turk 服務得到答案，特別是一個問題可能存在多個答案的時候。
  - ▪ WebQuestions 提供每個答案對應到知識庫的主題節點（topic node）。
  - ▪ 利用 Average F1 對回答進行評價。

- ▣ QALD
  - ▪ 基於知識庫的問答評測，主要使用 DBpedia 的資料，每年包含約 100 個問題。
  - ▪ Hybrid Track：結合結構化資料和純文字資料產生答案，必須依靠文字資訊。

- ▣ Simple Questions
  - ▪ 包含 108442 個簡單的問題，每個問題附帶一筆 Freebase 三元組作為答案。

- ▣ SQuAD[13]
  - ▪ 閱讀理解類問題，主要採用維基百科的資料。SQuAD 2.0 包含 150000 個問題，問題需要綜合理解文字段落後得出，通常無法直接回答。

---

13 https://rajpurkar.github.io/SQuAD-explorer/

6.1.3 問答系統評測標準

問答系統評測，常用的標準包括召回率、精確率和 F- 測度。接著透過以下假設，說明上述 3 個標準的計算方式和意義。

假設原始樣本有兩類，其中共有 P 個類別為 1 的樣本，以及 N 個類別為 0 的樣本。經過分類後，有 TP 個類別為 1 的樣本，被系統正確判定為類別 1；有 FN 個類別為 1 的樣本，被系統誤判定為類別 0；有 FP 個類別為 0 的樣本，被系統誤判定為類別 1；有 N 個類別為 0 的樣本，被系統正確判定為類別 0。

基於上述假設，可以知道：P=TP+FN，N=FP+TN。

由此便可定義評測標準：

精確率，反映被分類器判定的正例中，真正正例樣本的比重。

$$P = \frac{\text{TP}}{\text{TP} + \text{FP}} = \frac{\text{TN}}{\text{TN} + \text{FN}}$$

準確率，反映分類系統對整個樣本的判定能力。

$$A = \frac{\text{TP} + \text{TN}}{P + N} = \frac{\text{TP} + \text{TN}}{\text{TP} + \text{FP} + \text{TN} + \text{FN}}$$

召回率，反映被正確判定的正例，佔總體正例的比重。

$$R = \frac{\text{TP}}{\text{TP} + \text{FN}} = 1 - \frac{\text{FN}}{P}$$

F- 測度（F-Measure or balanced F-Score），就是通常所説的 F1 值。

$$F\text{-Measure} = \frac{2 \times P \times R}{P + R}$$

▶ 6.2 對話系統評測

　　隨著任務型對話系統的誕生，與其相關的評測方法也逐漸成為一個活躍的研究方向。任務型對話系統由任務驅動，通常涉及多輪的對話場景，可以看作一個決策的過程。針對任務驅動的多輪對話系統的評估，一般是透過評估整體對話系統的效果。任務驅動的多輪對話系統，其核心目的是協助使用者有效地取得資訊或服務，因此評估任務型對話系統時，最直接的兩個指標是**對話成功率**和**對話成本消耗**（如對話時長、系統提供確認性回覆所需的對話輪數等）。隨後，研究人員在實際任務中，發現對話成功率和對話長度，乃是衡量對話系統優劣最重要的兩個指標，後來的研究趨勢也轉為最大化對話成功率與最小化對話長度，並以此作為任務型對話系統評測的指標。然而，對話系統在與人實際互動時，很難界定任務完成的程度。主要的評測方法有 3 種，分別是資料驅動型對話評價模型方法、使用者模擬評價方法和人工評價方法。

　　首先廣泛討論和研究的方向，是基於標註語料的資料驅動型對話評價模型。它離不開優質的訓練資料，其中涉及的演算法如協同過濾、重塑回饋函數等，也證明了這一點。優質的訓練資料，對於對話系統的生成結果相當重要。但是，優質的標註資料非常難取得，有研究者提出以機器模擬人類標註資料的過程來代替，也有人提出透過採用多種方式相結合的辦法，對資料進行自動標註的主動學習（active learning）方式。

　　儘管有很多用來評價資料驅動型自然語言處理任務的方法，但是由於對話系統本身具有多輪互動的特性，導致評價對話系統的難度，遠大於評價一般有明確指標的自然語言處理任務，如語言模型（language model）的評價指標混淆度（perplexity）、機器翻譯中的 BLEU 值，以及自動文字摘要的 ROUGE 值等。儘管目前已有很多針對不同指標的評價矩陣，但如何綜合利用這些評價矩陣評價對話系統，仍然是一個難以攻克的難題。

事實上，評價對話系統的最終目標是衡量使用者的滿意度，但總有許多因素導致評價結果與他們的真實感受和體驗無法完全吻合。即使透過人工制定的多項指標評測系統，也會有不同程度的偏差，並且難以羅列與比較所有的特徵，進而達到全面的評價效果。因此，現存的資料驅動型評價過程和評價方法，大都無法準確地滿足使用者的要求。

對於對話系統來說，使用者模擬評價是最有效、最簡單的評價策略。透過模擬不同情境的對話，便可盡可能地涵蓋最大的對話空間，並且能在大範圍場景下進行有效的測試和評價。然而，這種方法的缺點也很明顯，那就是真實客戶的反應與模擬器的反應之間，必然存在差異。這個差異影響評價結果準確性的大小，主要取決於模擬器的好壞，它很難完全模擬人們的真實反應。即使存在上述缺點，使用者模擬仍然是評價任務型對話系統最常用的方法。

人工評價是指透過雇用專門的評測人員，針對對話系統產生的結果進行評價。這樣做的好處顯而易見，最符合人們的真實感受和體驗，並且能夠產生更多真實的評價資料。目前，這種評價方法主要出現在實驗室等研究資源雄厚的環境，評測人員在特定的任務領域內評測系統，根據預設的各種詢問方式與系統對話，再依據對話的效果對系統的表現進行評分。

人為的評分必然帶有一定主觀性，無論評測人員的評價，是否能夠全方位地代表客戶的真實感受。這種方法最大的問題，在於如何雇用足夠多的評測人員（很明顯需要大量的開銷），後期衍生出的眾包模式，以及藉助網路媒介在網路進行即時評價等方法，都能一定程度上解決該問題。除了開銷龐大外，這種方法還存在眾包選擇的評測人員是否專業，評判標準是否統一，能否真實代表所有客戶等問題。事實上，如果沒有良好地監控人工標註品質，其後果將直接影響對話系統的評測結果。也有事實證明，人工評價很多時候並未非常精準地呈現對話的準確程度。

6.2.1 對話系統評測會議

對話系統領域最具影響力的評測會議，便是由微軟公司發起的 DSTC 評測會議。在對話系統中，狀態追蹤（state tracking）是指準確地估計使用者的目標，以促進對話的進展。精確的狀態追蹤非常重要，它可以有效減少語音辨識的錯誤，並且有助於降低在諸如對話過程中固有的模糊性。

DSTC 評測會議從 2013 年開辦第一屆，截至 2018 年共開展了 6 屆。主要針對一些真實的應用場景進行對話評測，例如公車路線諮詢、餐館諮詢、旅遊諮詢等。圖 6-6 展示餐館資訊領域 8 個不同槽位和槽位的說明，例如食物（food）包括 91 個可能的值，並且支援透過食物名稱搜尋餐館。舉例來說，使用者的問題可以是「我想找一間能吃義大利菜的餐館」，其中「食物」的槽位資訊是「義大利菜」。同理，圖 6-7 列出 DSTC3 的槽位說明。

Slot	User may give as a constraint?
area	Yes, 5 possible values
food	Yes, 91 possible values
name	Yes, 113 possible values
pricerange	Yes, 3 possible values
addr	No
phone	No
postcode	No
signature	No

Table 2: Informable slots in DSTC2 (Restaurant Information Domain)

圖 6-6 餐館資訊領域的對話槽位示意圖

Slot	User may give as a constraint?
area	Yes, 15 possible values
children allowed	Yes, 2 possible values
food	Yes, 28 possible values
has internet	Yes, 2 possible values
has tv	Yes, 2 possible values
name	Yes, 163 possible values
near	Yes, 52 possible values
pricerange	Yes, 4 possible values
type	Yes, 3 possible values (restaurant, pub, coffeeshop)
addr	No
phone	No
postcode	No
price	No

Table 3: Informable slots in DSTC3 (Tourist Information Domain)

圖 6-7 DSTC3 的對話槽位示意圖

6.2.2 對話系統評測資料集

DSTC 系列資料集包括：

DSTC1[14]，2013 年的主題為 Bus Schedule

- 資料集為 3 年間匹茲堡公車路線，電話自動查詢系統的真實使用者日誌。

DSTC2，2014 年的主題為 Restaurant

- 目標可變：對話過程中可以改變使用者的目標。

DSTC3，2014 年的主題為 Restaurant + Tourist

- 遷移：bars 和 cafes 的訓練資料很少，需要由 DSTC2 進行遷移學習。

DSTC4，2015 年的主題為 Tourist

- 主要針對旅遊場景下，評測人和人的對話內容。

DSTC5，2016 年的主題為 Tourist

- 主要針對跨語言對話建模的挑戰。

DSTC6，2017 年的主題為端到端對話學習、建模及對話終止檢測

- 任務型對話學習，人類對話模仿和對話終止檢測。

DSTC7，2018 年的主題為答句選擇、答句生成和視聽場景感知對話

- 端到端的答句選擇和答句生成，挑戰結合實際場景的圖片特徵，以進行對話任務。

6.2.3 對話系統評測標準

Dialog DSTC 的評測指標如下。

假設準確率（Hypothesis Accuracy）：信賴狀態中首位假設（Top Hypothesis）的準確率。此標準用來衡量首位假設的品質。

平均倒數排序：1/R 的平均值，其中 R 是第一筆正確假設在信賴狀態的排序。此標準用來衡量信賴狀態中排序的品質。

L2 範數（L2-norm）：信賴狀態的機率向量，和真實狀態 0/1 向量之間的 L2 距離。此標準用來衡量信賴狀態中機率值的品質。

平均機率（Average Probability）：真實狀態在信賴狀態中機率得分的平均值。此標準用來衡量信賴狀態對真實狀態的機率估計的品質。

ROC 表現（ROC Performance）：採取兩種 ROC 計算方式。利用第一種方式計算正確接受率（Correct Accept，CA）的比例時，分母是所有狀態的總數；這種方式綜合考慮了準確率和可區分度。以第二種方式計算 CA 的比例時，分母是所有正確分類的狀態數；這種計算方式只單純考慮可區分度，排除了準確率的因素。

等誤差率（Equal Error Rate）：錯誤接受率（False Accept，FA）和錯誤拒絕率（False Reject，FR）的相交點（FA=FR）。

正確接受率 5/10/20：當至多有 5%/10%/20%FA 時的 CA。

一個任務型對話系統的整體評測指標，主要包括任務完成率和平均對話輪數兩項。針對各子模組，評測指標分別為：

- NLU 模組的評測指標主要包括：分類問題、準確率、召回率和 F-score。
- DST 模組的評測指標主要包括：參考關於 DSTC 的介紹。
- DPL 模組的評測指標主要包括：任務完成率、平均對話輪數。
- NLG 模組目前的主流實作技術為基於範本的方法，因此暫時不做評測。

6.3 閒聊系統評測

6.3.1 閒聊系統評測介紹

能否通過圖靈測試，最早被視為評測閒聊系統的標準。但是，閒聊系統既不像問答系統那般有準確可查的參考答案，也不像任務型對話系統那樣有明確的目的；因此，閒聊系統的評測存在主觀性與機變性等問題。目前尚無統一、評測閒聊系統的資料集及評測標準。

張偉男等人 [2] 在 2017 年的一篇綜述中，列出針對閒聊系統的評測方法，具體內容如下。

評價閒聊系統的方法，主要有客觀指標評價與模擬人工評分兩種。前者又可分為基於詞重疊和詞向量兩種評價矩陣方法，BLEU[3]、METEOR[4] 和 ROUGE[5] 是基於詞重疊評價矩陣的代表；貪婪比對法（Greedy Matching）[6]、嵌入均值法（Embedding Average）[7]、向量極值法（Vector Extrema）[8] 等，則是典型基於詞向量的評價矩陣方法。模擬人工評分的概念，乃是採用神經網路模擬人工評分的方法，其中較具代表性的是 Google 的 Anjuli Kanan、Oriol Vinyals 等人提出、類 GAN

結構的對抗評價模型[9]，McGill 大學 Ryan 等人[10] 提出、基於 RNN 的自動對話評估模型（Automatic Dialogue Evaluation Model，ADEM），以及基於人工神經網路（Artificial Neural Network，ANN）模型結構的對話評價系統。

6.3.2 閒聊系統評測標準

　　本節將詳細介紹客觀指標評測中常用的指標。基於詞重疊的評測方法是自然語言處理任務常用的方法之一，它透過計算系統產生的回覆與標準答案中詞的重疊率，進而評量系統的效果。BLEU 和 METEOR 是機器翻譯任務中應用最廣泛、兩個基於詞重疊的評測指標；ROUGE 是文字自動摘要任務裡常用的評測標準。雖然上述指標不完全適用閒聊系統的評測任務，但研究人員根據這些指標，嘗試和改進閒聊系統的評測任務。

　　BLEU（Bilingual Evaluation Understudy）透過分析候選答案文字，以及參考答案文字中 N-gram 片段共同出現的次數，進而衡量系統的效果，它於 2002 年由 IBM 提出。N-gram 表示 n 個連續單詞的序列，即文字片段。BLEU 方法認為共現的文字片段數越多，模型的品質越好，並且這些文字片段與它們在上下文的位置無關。BLEU 首先會對語料庫的所有語料，進行 N-gram 的精確率計算：

$$p_n = \frac{\sum\limits_{C \in \{Candidates\}} \sum\limits_{\text{N-gram} \in C} \text{Count}_{\text{clip}}(\text{N-gram})}{\sum\limits_{C' \in \{Candidates\}} \sum\limits_{\text{N-gram}' \in C'} \text{Count}(\text{N-gram}')}$$

　　分子表示取 N-gram 在候選答案文字和參考答案文字中，出現的最小次數；分母表示取 N-gram 在候選答案文字中出現的次數。當候選答案很短時，N-gram 的精確率數值會很高，但實際上可能並非是一個很好的答案。因此，針對候選答案文字比參考答案文字要短的情況，可以利用一個懲罰因子 BP 去控制：

$$BP = \begin{cases} 1 & 若 \ c > r \\ e\,(1-r\,/\,c) & 若 \ c \leqslant r \end{cases}$$

　　其中 c 代表候選答案文字詞數，r 代表參考答案文字詞數，最終 BLEU 的公式為

$$BLEU = BP \cdot \exp\left(\sum_{n=1}^{N} w_n \log p_n\right)$$

　　W_n 是一個權重常數，N 表示 N-gram 中 n 的最大值。隨著 N-gram 的增大，整體的精確率得分呈指數下降；所以通常 N-gram 最多取到 4-gram，也就是 BLEU-4，這也是機器翻譯任務中應用最廣泛的指標。

　　METEOR 評測標準在 2004 年由 Lavir 等人提出。Lavir 透過研究發現，相較於單純基於精確率的標準（如 BLEU），基於召回率標準的評測結果和人工判斷的結果有較高相關性。因此，METEOR 根據單精確度的加權調和平均數和單字召回率綜合計算，得出候選答案與參考答案文字之間，精確率和召回率的調和平均值 F- 測度。METEOR 也包含一些其他指標沒有的功能，像是同義詞比對等，並使用 WordNet 比對特定的序列，如同義詞、詞根詞綴、釋義的校準等。與 BLEU 不同，METEOR 同時考量整個語料庫的精確率和召回率，才得出 F- 測度。

ROUGE 是常用於自動產生文字摘要的一系列評價指標，包括 ROUGE-N、ROUGE-L、ROUGE-S、ROUGE-W、ROUGE-SU 等。舉例來說，ROUGE-L 透過統計候選答案文字與參考答案文字之間的最長公共子序列（Longest Common Subsequence，LCS）長度，再計算 F-測度而來。LCS 是在兩句話中，都按照相同次序出現的一組詞序列。它和 BLEU 相似，都能反映詞語順序，但是 ROUGE 允許不連續的詞，而 BLEU 的 N-gram 則要求詞語必須連續出現。

除了詞語的重疊率因素，另一種評價閒聊系統回覆效果的想法，是透過瞭解每個詞的語意來判斷回覆的準確性。詞向量是實作這種評價方法的基礎，利用前文介紹的 Word2vec 等方法，為每個詞分配一個用來表示該詞的向量，然後計算該詞在語料庫出現的頻率，藉以近似地表示這個詞表達的涵義。將句子中所有詞的向量矩陣透過向量連接起來，就能得到句子級別的句向量。藉由這種方法，便可分別取得候選答案文字與參考答案文字的句向量，再使用各種距離計算方法得到兩個句子的相似度。

貪婪比對法是一種基於詞向量矩陣的方法。對於提供的兩個句子，先把每一個詞都轉換為詞向量，然後將第一句的每個詞，與第二句的每個詞做餘弦相似度比對，再對全部結果進行加和求平均，最後得出的結果是所有詞比對之後的均值。

向量均值法是指透過句子中每個詞的詞向量，計算句子的向量表示方法，亦即針對句子中每個詞的向量加和求均值，以取得句子的向量表示。候選回覆和參考回覆的相似度，便可藉由計算兩個句向量的餘弦相似度來評價。

　　向量極值法也是一種基於句向量，以計算候選回覆和參考回覆相似度的方法。該方法篩選句子每個詞的詞向量所組成的矩陣中，每一維度極值的最大值作為該維度的值，最終獲得這個句子的向量表示。同樣的，還需要計算候選回覆與參考回覆之間的餘弦距離，才能表示它們之間的相似程度。某段文字具有特殊意義的詞，應當比常用詞擁有更高的優先順序。但由於常用詞往往會出現在更多的文字中，使得這些詞在向量空間的距離更短，在計算相似度之後，常用詞會佔據輸出向量排序靠前的位置，導致具有特殊意義的詞被「擠」到靠後的位置。因此，當採用向量極值法時，必須有意識地忽略常用詞。

▶ 6.4 參考文獻

1. 吳友政、趙軍、段湘煜等，建構中文問答系統評測平台。NCIRCS2004第一屆中國資訊檢索與內容安全學術會議論文集。2004。

2. 張偉男、張揚子、劉挺。對話系統評價方法綜述，中國科學：資訊科學，47（8）：953-966，2017。

3. Papineni K, Roukos S, Ward T, et al. BLEU: A Method for Automatic Evaluation of Machine Translation.Proceedings of the 40th Annual Meeting on Association for Computational Linguistics. Association for Computational Linguistics, 2002: 311-318.

4. Banerjee S, Lavie A. METEOR: An Automatic Metric for MT Evaluation with Improved Correlation with Human Judgments.Proceedings of the ACL Workshop on Intrinsic and Extrinsic Evaluation Measures for Machine Translation and/or Summarization. 2005: 65-72.

5. Lin C Y. Rouge: A Package for Automatic Evaluation of Summaries.Text Summarization Branches Out, 2004.

6. Rus V, Lintean M. A Comparison of Greedy and Optimal Assessment of Natural Language Student Input Using Word-to-word Similarity Metrics. Proceedings of the Seventh Workshop on Building Educational Applications Using NLP. Association for Computational Linguistics, 2012: 157-162.

7. Wieting J, Bansal M, Gimpel K, et al. Towards Universal Paraphrastic Sentence Embeddings. arXiv preprint arXiv:1511.08198, 2015.

8. Forgues G, Pineau J, Larchevêque J M, et al. Bootstrapping Dialog Systems with Word Embeddings. Nips, Modern Machine Learning and Natural Language Processing Workshop. 2014, 2.

9. Kannan A, Vinyals O. Adversarial Evaluation of Dialogue Models. arXiv preprint arXiv:1701.08198, 2017.

10. Lowe R, Noseworthy M, Serban I V, et al. Towards an Automatic Turing Test: Learning to Evaluate Dialogue Responses. arXiv preprint arXiv:1708.07149, 2017.

聊天機器人挑戰與展望

▶ 7.1 開放式挑戰

現今，聊天機器人的研究發展得如火如荼，但其中仍有許多挑戰。例如，模組化系統的整合、端到端模型的建立和評價、對話策略的學習、聊天機器人評價等。

1 模組化系統的整合

對於使用者輸入，傳統的聊天機器人透過自動語音辨識、自然語言理解、對話管理、答案檢索、自然語言生成、語音合成等模組產生回覆。不僅每一個具體模組都有本身的問題與挑戰，整合過程中模組間的相容性及整合方式，也是聊天機器人面臨的挑戰之一。例如，對輸入語句完成自然語言理解之後，如何在機器識別出錯誤的使用者意圖的情況下，保證對話管理模組可以修正此意圖？使用者情感分析、使用者意圖識別的結果，應對自然語言與合成的語音產生影響，避免錯誤傳遞，不能簡單地將上述模組串聯起來，直接處理使用者輸入的問題。

② 端到端模型的建立和評價

端到端方法的目標是：直接由使用者輸入得到輸出，不經過傳統方法的自然語言理解、對話管理、自然語言生成等串聯模組。因此，端到端模型本身的好壞，對對話品質扮演決定性的作用。首先，端到端模型需要充分考慮多輪對話的對話管理和追蹤，回覆的內容除了當輪的使用者輸入外，還需要考慮對話的上下文和情境。其次，端到端模型如何在產生回覆時，保持機器人個性的一致性，也是一個難題；機器人個性一般會大幅影響使用者的體驗，在建立端到端模型時，這是不容忽視的問題。另外，目前對端到端模型的評價，並沒有統一的標準，導致研究人員難以評定模型的好壞。他們通常是根據某一公開的資料集訓練自己的模型，且使用多種評測標準比較模型在該資料庫的表現。另一種評測方法是透過人工對話的形式，以使用者的體驗判斷模型的品質，主觀性較強。

③ 對話策略的學習

目前，聊天機器人的對話策略一般是被動型互動，也就是等待使用者輸入喚醒機器。少數機器可以自動發起對話，但基本上是隨機提出一些問題。對話策略學習最主要的一點，就是讓機器學習對話的主導方式。對話主導方式分為使用者主導、機器主導和混合主導。機器學習對話主導方式的目標，不僅是讓機器在合適的時機主動引導對話，還包括最佳化機器主導對話時，話題和具體對話內容的選擇。

④ 聊天機器人評價

基本上，針對聊天機器人採用的是通用的客觀評價標準，有回答正確率、任務完成率、對話輪數、對話時間、系統平均回應時間、錯誤資

訊率等，評價的基本單元都是單輪對話。但是，人機對話是一個連續的過程，對不同聊天機器人系統的連續對話，其評價僅能保證首句輸入的一致性。當對話展開後，不同系統的回覆不盡相同，不能簡單地將連續對話切分成單輪對話來評價。因此，設計合理的人工主觀評價，也許能夠成為評估聊天機器人系統智慧程度的重要指標。

除了上述列舉的具體問題外，無論是基於傳統方式或端到端方式實作的聊天機器人，系統都需要保證機器人個性的一致、針對上下輪對話狀態的追蹤，以及儘量避免安全回答等。

▶ 7.2 技術與應用展望

許多學者和評論家均認為，聊天機器人未來會成為使用者的私人助理。Google 發布 api.ai，旨在解決語音辨識、意圖識別和語境管理的問題；Facebook 致力於讓聊天機器人「體會」客戶的情緒。這些努力無疑將促進聊天機器人的發展和應用，但聊天機器人本輪的爆發，能否帶來人機對話模式的本質變革，則尚無定論。追根究底，無論從技術或具體場景分析，目前的聊天機器人技術仍然處於發展早期。

TechCrunch 的資深科技記者 Natasha Lomas 曾在 *TechCrunch* 上發文，聲稱本輪聊天機器人的浪潮不會帶來所謂的範式改革，但是那些真正成功並且保留下來的機器人，能做的絕不僅僅是聊天。綜觀 2016 年 Winograd Schema 挑戰賽的結果（機器的最高準確率僅比隨機機率高一點點），便能猜測到聊天機器人的發展，過程中將面臨非常大的挑戰。紐約大學的研究心理學家、AI 初創公司 Geometric Intelligence 的聯合創始人 Gary Marcus 認為，人類需要與其他人進行有意義的情感互動，直

到開發出真正的強人工智慧；而機器的任務，就是幫人類找到所需的資料和互動物件。

請注意，Facebook 研發聊天機器人時，目標並不是讓機器通過圖靈測試。Facebook 旨在提供一種比安裝其他應用程式，或在網路上搜尋更便捷的方式，以協助人們得到答案、滿足需求。對大部分企業來説，一個聊天機器人只要能自動處理 30% 的客戶需求，便可讓企業願意為其支出買單，因為機器已經能節省足夠多的成本。因此，不論聊天機器人是否會成為使用者的私人助理，或者能否達到真正的人工智慧，那些可以更便捷地滿足客戶需求，或者為企業節省成本的聊天機器人，都會被保存下來。

無論如何，隨著聊天機器人研究的廣泛展開，達到強人工智慧成為廣大學者和業者的聖杯與目標。為了實作強人工智慧，未來對聊天機器人的研究，將著眼於以下 4 個方面。

（1）從特定領域到開放領域：隨著大數據和雲端時代的到來，開放領域的聊天機器人系統，更容易取得豐富的對話資料來訓練。

（2）更加關注「情商」：未來的聊天機器人研究將更注重「情商」，亦即它對客戶的個性化情感陪伴、心理疏導和精神安慰等能力。

（3）端到端對話系統：得益於深度學習技術的發展，端到端對話系統得到了廣泛研究和應用。研究人員希望利用統一的模型，代替依序執行自然語言理解、對話管理和自然語言生成的步驟，進而根據使用者的原始輸入直接產生系統回覆。

（4）更加關注現實：除了技術之外，還應關注倫理道德等更多面向。一個具體的例子就是微軟的聊天機器人 Tay，由於在 Twitter 上發表髒話而被迫下線。導致 Tay 上線不到 24 小時就被迫下線的原因，並不僅僅是技術，更多的是現實情況的複雜性。

在商業落實方面，聊天機器人未來的實踐，可能會集中在以下幾個方面。

1 客服機器人

特定領域乃至特定公司的服務場景，十分具體且固定，使用者提出的問題、需要幫助的事情，基本上也很統一。同時，企業往往擁有針對這些問題的高品質回答。因此，特定行業的客服機器人，在商業化實踐方面有較成熟的應用，如各大銀行的銀行客服機器人、政府的政務聊天機器人，以及網路零售業的店面客服機器人等。

2 醫療機器人

醫療是一個具有大量規範資料和開放性研究的行業。機器透過「閱讀」行業相關的研究文獻和醫療記錄，便可獲得大量有用、可靠的資料和知識。根據這些資料和知識進行的人機問答與對話，將有助於醫療過程，免去醫生和專家檢索文獻與資料的時間。機器人在醫療行業最著名的應用，就是本書前幾章介紹的 IBM Watson。

3 教育機器人

在教育的具體場景中，有大量的資料作為資料庫，供機器從中獲得教育相關的基礎知識、題庫等。藉由聊天的具體對話模式，便能實現更好的教育效果。

各大廠商都推出各自的教育聊天機器人，包括狗尾草智慧科技的公子小白、科大訊飛的阿爾法蛋等。

隨著自然語言處理、機器學習（包括深度學習）、知識圖譜等技術的深度發展，聊天機器人會在幾年內逐步走向成熟，並且服務人類生活的各個面向。但是，聊天機器人也存在著明顯的缺點，因此，未來聊天機器人將如何發展，會不會有新的形態和類型出現，敬請拭目以待。

▶ 7.3 從聊天機器人到虛擬生命

綜觀聊天機器人發展史，最早的聊天機器人 ELIZA，可說是一套遵循符號主義的專家系統。當時的 AI 等價於邏輯（logic），所有的機器人都在一個特定領域，透過一定邏輯的符號演算法來完成功能。ELIZA 之後的聊天機器人 ALICE，則被看作基於語言標記的聊天機器人；ALICE 的設計提醒研究人員可以藉由配置，完成聊天機器人的基本功能。隨著配置的內容越來越多，聊天機器人的表現也越來越像一個真實的人類。早期（10 年之前）多數的機器人，或多或少都借鑒 ELIZA 和 ALICE 的設計概念。

2011 年，伴隨著 iPhone 4S 出現的 Siri，其定位是個人助理。Siri 提高了虛擬個人助理的市場成熟度與知名度，並且讓使用者逐漸習慣以語言與其互動。2011 年出現的 Watson 參加《危險邊緣》，並打敗了人類冠軍。2012 年，受 Siri 的啟發，Google 在智慧行動終端的 Android 系統推出類似 Siri 的 Google Now（現定名為 Discover）。後來亞馬遜又推出以 Alexa 技術為倚靠的 Echo，以及稍後的 Cortana、ALLO、Tay 等。在聊

天機器人發展的歷史長河中，初期一般間隔很多年才會有改朝換代的產品，但現在每年都會出現很多相關的產品，各巨頭都參與了有關聊天機器人的軍備競爭。聊天機器人產品發展的時間表如圖 7-1 所示。

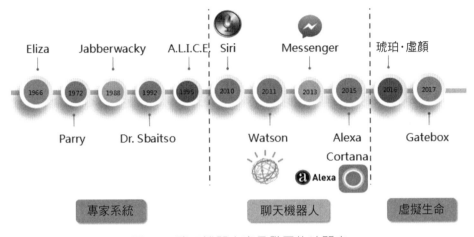

圖 7-1 聊天機器人產品發展的時間表

　　圖 7-2 最右側的虛擬生命是聊天機器人的發展趨勢。本質上，虛擬生命是生命的延伸，具備生命的主要特徵，包括感知能力、認知能力、自我進化的能力等。從感知能力的角度來看，虛擬生命需要聽得到、看得見、可互動。從認知能力來看，虛擬生命能夠和客戶及周圍環境進行「真實」、「自然」的交流，包括具有規劃、推理、聯想、情感和學習的能力，以及可用性和可互動性等。在達爾文的進化論中，物種是可變、不斷進化的，生物的變異、遺傳和自然選擇，可能導致生物適應性的改變。

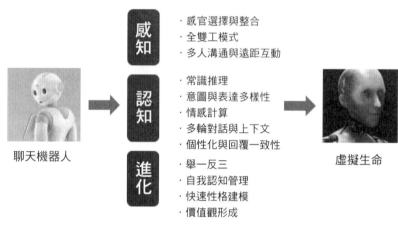

圖 7-2 聊天機器人進化到虛擬生命所需要的能力

　　從技術的角度分析，上述的一切能力都依賴語音辨識、電腦視覺、語音合成、人工智慧等技術的發展，進而使虛擬生命具備擬人性。以下列出一些里程碑性質的技術突破：2017 年 8 月 20 日，微軟語音和對話研究團隊負責人黃學東，宣布微軟語音辨識系統取得重大突破，錯誤率由之前的 5.9% 降低到 5.1%，可與專業速記員媲美 [1]。Google 在 2015 年提出的深度學習演算法，已經在 ImageNet 2012 分類資料集中，將錯誤率降低到 4.94%，首次超越人眼識別的錯誤率（約 5.1%）[2]。DeepMind 公司在 2017 年 6 月，發布目前世界上文字到語音環節做得最好的生成模型——WaveNet 語音合成系統 1。由史丹佛大學發起的 SQuAD（Stanford Question Answering Dataset），截至 2018 年 12 月，使用 BERT 的系統暫列第一，其 F1 分值達到 86.096。學霸君研發的 Aidam 機器人，在 2017 年高考取得數學 134 分的高分。

1　https://deepmind.com/blog/wavenet-generative-model-raw-audio/

從資料科學的角度來看，卡內基梅隆大學的 William W. Cohen 教授指出，雖然大部分的自然語言處理問題，都能透過資料和機器學習（尤其是深度學習）來處理，但仍然有很多問題（例如基於邏輯的語意解析）無法藉由資料和機器學習得到解決。因此，可擴充性（Scalability）、表示（Representation）及機器學習（Machine Learning）作為資料科學的三個層面，雖然在整合上有一定困難，但一定是未來的趨勢。

聊天機器人和虛擬生命的發展仰賴自然語言處理，而大量的自然語言處理任務，可以轉換為監督式的分類或序列標註問題。目前，人們往往會為特定任務下標註資料的缺乏或不充足而發愁，這一點在利用深度學習時特別嚴重。基於知識圖譜的資料增強（Data Augmentation），對於解決標註資料不足的問題具有顯著意義。具體的做法是，將知識圖譜與文字語料庫關聯，以形成大量弱標註資料。此法在關係抽取或事件抽取等任務上應用廣泛。例如，針對三元組 < 琥珀 , 喜歡吃 , 葡萄 >，先將這個三元組進行一定的泛化，將琥珀轉換為 PERSON，即在網路上收集 PERSON 和葡萄共現的描述片段；這些描述片段可能代表人物喜歡吃葡萄的特定模式，或者代表雜訊。為了提升泛化資料的整體品質，需要研究如何透過群集分析的異常點檢測或雜訊建模等方式，識別與剔除弱標註語料的雜訊。

在虛擬生命的發展過程中，深度學習可以協助研發出更多、更有智慧的人工智慧模型，以便更好地預測特定輸入對應的輸出。知識圖譜則可看作虛擬生命的知識庫，讓虛擬生命變得更有學識，促其進行思考、語言理解、推理和聯想等能力。隨著技術發展和資料的不斷累積，如圖 7-3 所示，由聊天機器人向虛擬生命發展的技術時代即將到來。

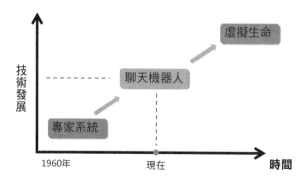

圖 7-3 由聊天機器人向虛擬生命發展的技術時代

▶ 7.4 參考文獻

1. W. Xiong, L. Wu, F. Alleva, et al. The Microsoft 2017 Conversational Speech Recognition System, Microsoft Technical Report MSR-TR-2017-39, arXiv:1708.06073v2, 2017.

2. K He, X Zhang, S Ren, et al. Delving Deep into Rectifiers: Surpassing Human-Level Performance on ImageNet Classification,arXiv:1502.01852v1, 2015.

讀者回函

讀者回函

GIVE US A PIECE OF YOUR MIND

感謝您購買本公司出版的書，您的意見對我們非常重要！由於您寶貴的建議，我們才得以不斷地推陳出新，繼續出版更實用、精緻的圖書。因此，請填妥下列資料(也可直接貼上名片)，寄回本公司(免貼郵票)，您將不定期收到最新的圖書資料！

購買書號： 書名：

姓　　名：＿＿＿＿＿＿＿＿＿＿＿＿＿＿＿＿＿＿＿＿＿＿＿＿＿

職　　業：□上班族　　□教師　　□學生　　□工程師　　□其它

學　　歷：□研究所　　□大學　　□專科　　□高中職　　□其它

年　　齡：□10~20　□20~30　□30~40　□40~50　□50~

單　　位：＿＿＿＿＿＿＿＿＿＿＿ 部門科系：＿＿＿＿＿＿＿＿＿

職　　稱：＿＿＿＿＿＿＿＿＿＿＿ 聯絡電話：＿＿＿＿＿＿＿＿＿

電子郵件：＿＿＿＿＿＿＿＿＿＿＿＿＿＿＿＿＿＿＿＿＿＿＿＿＿

通訊住址：□□□＿＿＿＿＿＿＿＿＿＿＿＿＿＿＿＿＿＿＿＿＿＿

＿＿＿＿＿＿＿＿＿＿＿＿＿＿＿＿＿＿＿＿＿＿＿＿＿＿＿＿＿＿

您從何處購買此書：

□書局＿＿＿＿　□電腦店＿＿＿＿　□展覽＿＿＿＿　□其他

您覺得本書的品質：

內容方面：　□很好　　　　□好　　　　　□尚可　　　　□差

排版方面：　□很好　　　　□好　　　　　□尚可　　　　□差

印刷方面：　□很好　　　　□好　　　　　□尚可　　　　□差

紙張方面：　□很好　　　　□好　　　　　□尚可　　　　□差

您最喜歡本書的地方：＿＿＿＿＿＿＿＿＿＿＿＿＿＿＿＿＿＿＿

您最不喜歡本書的地方：＿＿＿＿＿＿＿＿＿＿＿＿＿＿＿＿＿＿

假如請您對本書評分，您會給(0~100分)：＿＿＿＿＿＿ 分

您最希望我們出版那些電腦書籍：

請將您對本書的意見告訴我們：

您有寫作的點子嗎？□無　　□有　　專長領域：＿＿＿＿＿＿

歡迎您加入博碩文化的行列哦！

請沿虛線剪下寄回本公司

Give Us a Piece Of Your Mind

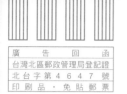

廣　告　回　函
台灣北區郵政管理局登記證
北台字第 4 6 4 7 號
印刷品·免貼郵票

221

博碩文化股份有限公司　產品部

台灣新北市汐止區新台五路一段 112 號 10 樓 A 棟

DrMaster

深度學習育機器領域

http://www.drmaster.com.tw

博碩文化

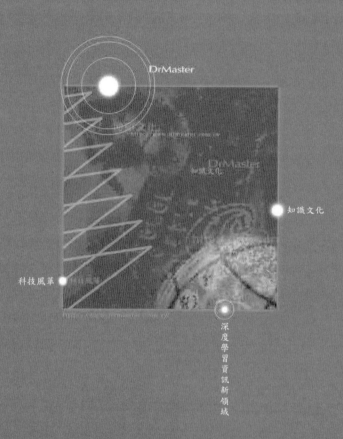

DrMaster

知識文化

科技風華

深度學習資訊新領域

DrMaster

深度學習資訊新領域

博碩文化

DrMaster

知識文化

科技菁華

深度學習資訊新領域